VALUE BASED CIVILIZATION

价值文明

数字技术革命与人类命运共同体

闫立金 ◎ 著

电子工业出版社
Publishing House of Electronics Industry
北京·BEIJING

未经许可，不得以任何方式复制或抄袭本书之部分或全部内容。
版权所有，侵权必究。

图书在版编目（CIP）数据

价值文明：数字技术革命与人类命运共同体 / 闫立金著 . —北京：电子工业出版社，2024.3

ISBN 978-7-121-47291-6

Ⅰ.①价⋯ Ⅱ.①闫⋯ Ⅲ.①信息经济 Ⅳ.① F49

中国国家版本馆 CIP 数据核字（2024）第 052230 号

责任编辑：黄　菲　　文字编辑：刘　甜　　特约编辑：玄甲轩
印　　　刷：天津千鹤文化传播有限公司
装　　　订：天津千鹤文化传播有限公司
出版发行：电子工业出版社
　　　　　北京市海淀区万寿路 173 信箱　邮编：100036
开　　本：720×1000　1/16　印张：15.75　字数：257 千字
版　　次：2024 年 3 月第 1 版
印　　次：2024 年 3 月第 1 次印刷
定　　价：88.00 元

凡所购买电子工业出版社图书有缺损问题，请向购买书店调换。若书店售缺，请与本社发行部联系，联系及邮购电话：（010）88254888，88258888。

质量投诉请发邮件至 zlts@phei.com.cn，盗版侵权举报请发邮件至 dbqq@phei.com.cn。

本书咨询联系方式：1024004410（QQ）。

价值文明——人类新文明

推荐序一 | Preface

价值文明——人类文明通向未来的路径

世界史本身是一部人类文明形成与发展的历史。自人类出现，文明迄今有一万余年的历史，人类文明在一万余年的进程中取得了巨大的成绩，孕育了不同的文明体。世界已不是昨日的世界，文明亦不断更迭，百年未有之大变局加速演进，全球治理体系面临前所未有的冲击，国际社会文明冲突不断，疫情、战争等加速世界价值观与秩序的重建，改革呼声日益高涨。就在人类现代文明取得辉煌成就时，人类文明也展现出了恐怖的自我毁灭。那么，人类文明继续发展，未来一百年、一千年甚至一万年，人类文明及其新的文明范式又将呈现什么样的情景？这是我作为关注人类文明的个体发出的这个时代的文明之问。

本书的作者闫立金博士很好地回答了我的问题，他提出的"人类价值文明"是人类文明研究史上的重大突破，这个概念的提出，明确了在当今这个数字空间里，数字技术使得"价值"更为清晰可信。随着人类智慧和数字技术的不断发展，我们正站在一个全新的十字路口上，迎接着更加开放、合作、创新、共享的"人类价值文明"时代。

对于身处 21 世纪的人类来说，数字化是一个不得不面对的事实。社会也好，国家也罢，都在经历一场数字化变革。数字技术促使世界发展展现了全新的图景，各国之间相互联系、相互依存，人类的文明深入发展和持续推进程度空前加深，广泛的共同利益和深度的价值共识日益增多，文明共同体成为人类的共同生活状态。

像每次人类文明的变革都伴随着商业、贸易及金融的运作模式的转变一样，价值文明在加速改变这一切。在历史上，每一次技术革命都会带来国际社会的冲突和矛盾。数字技术的快速发展，使得生产力爆炸式提高，这无疑赋予了人类更多的力量和能力，同时也导致了国际社会的矛盾冲突和生产关系的变革。数字技术在不断改变着世界，它正在创造新的秩序。同时，由于不同国家在数字技术方面的发展速度不同，导致国际社会中的竞争与合作也在朝着不同的方向发展。**在这个竞争和博弈的过程中，国际社会的秩序和规则变得空前重要**。如何更好地协调各方利益，建立新的适应数字技术时代的国际规则和秩序，是人类面临的重大挑战。

面对技术革命带来的挑战，我们应该关注人类大家庭所拥有的共同价值，而不是强调那些分歧。高尚情操、诚实守诺、诚信包容在处理双边和多边关系中应该得到提倡。人类需要新的文明治理理念，就像我提出的"昌明大马"。"昌明大马"中包含了6个核心要素，即可持续发展（Sustainability）、共同繁荣（Prosperity）、创新包容（Innovation）、互相尊重（Respect）、诚信为本（Trust）、慈悲博爱（Compassion）。

纵然竞争有利于发展，但更多的时候合作更能带来进步。**人类文明是人类进步的标志，不断地革命和进步是人类所追求的目标**。而人类价值文明，则是人类文明中的进步，人类价值文明的实现，需要人们各方面的共同努力。各国政府需要加强国际合作和协调，构建新的国际秩序和规则，在数字技术时代维护世界和平和稳定；企业需要强化社会责任，构建可持续的数字技术发展生态；而普通民众，除了要适应数字时代带来的变化，更需要强化对于价值的认识和追求。这些是建立人类新的价值文明的基础。

"人类价值文明"理念及体系的建立令人震撼，给人类文明找到了价值的视角去更好地迎接未来。相信人类的未来将更加美好，人类社会将更加文明！

安瓦尔·易卜拉欣

Dato' Seri Anwar bin Ibrahim

马来西亚总理

推荐序二 | Preface

本书着眼于人类文明的内核——"价值",并强调了人类文明的驱动力——"技术",为我们揭示了人类文明的演变规律。在人类文明演进的过程中,价值是我们所追求的意义与目标,是人类共通的信仰与观念。

而在这个以技术为驱动力的时代,企业等经济体不仅仅是创造财富的机器,更是传递和弘扬价值的使者。我们应该认识到,企业不仅仅要追求商业成功,更要关心社会责任、环保意识、人文关怀等多维度的价值构建,将人类的价值追求融入企业的愿景中。

技术在文明进程中扮演着关键的角色,是人类文明不断进步和发展的核心驱动力。在这个时代,技术渗透到了每个领域,我们应该把握21世纪数字技术与万物融合所带来的机遇,以创新的思维和先进的技术手段来推动人类更高水平的发展。而这种创新不仅仅体现在产品或服务的创新上,更包括文化、商业模式和价值观的创新。

这个时代不仅仅是技术革命的时代,更是人类意识觉醒的时代。人类在经济效益成就的基础之上,还要思考如何树立胜于古人的美好价值观。积极、正义、向善是个体的基本价值观,而公平、平等、自由则是由个体价值观组成的人类社会整体的价值观。在技术发展越来越迅速的背景下,全球必须关注价值共同体层面的价值观。

价值革命为我们指明了新的发展路径。数字革命已经深刻影响了全球的生产关系与价值体系,我们应该跳出传统的产业和商业模式,勇于探索新的领域和新的商业模式。我们可以通过数字技术创新,实现资源的高效配置与利用,优化全球价值链,打破传统产业界限,形成全球合作共赢的新局面。

未来的美好愿景一定是在人类命运共同体指导下描绘出来的。中华文明的永续发展为我们提供了宝贵的启示,我们要坚守中华文明的优秀传统,融合现代科技，创造具有国际竞争力的企业。

价值文明警醒我们不能只关注眼前的经济利益，更要关心人类文明的进步与发展。在全球化的大背景下，我们要弘扬人类共同价值观，践行人类命运共同体理念，不断推动人类价值文明的发展进步。

数字技术革命正在改变世界，我们应积极拥抱这一变革，不断探索数字化与人文价值的结合，让技术服务于人类价值文明的进步。我们要立足国际视野，开放思维，吸收全球先进科技成果，为中国企业走向世界提供坚实支持，同时也要将中国的先进经验和智慧传播到世界各地，为全球价值文明的融合与发展贡献力量。

本书作者提出，数字技术革命正在把人类带入新的文明时代，他将这个新的文明定义为"人类价值文明"。我们要怀揣这个崇高的使命，不断追求卓越与创新，用实际行动推动人类价值文明的进步与发展。

在人类文明的进步历程中，我们是见证者，更是推动者。愿我们共同迈向人类价值文明的新时代！

贾宝军

中国航空器材集团有限公司董事长

自序 | Preface

2023年初，我在马来西亚有幸与安瓦尔总理进行了几次关于国际形势及世界今后的发展方向的讨论。我们探讨了很多话题，例如：人类新的文明是什么？世界怎么了？人类向何处去？他的博学和开阔的视野给了我很多启发，坚定了我向大家分享最新研究成果——"人类价值文明"的想法。这也是我多年来一直在探索和研究的课题。

我在过去十几年中走遍了世界，到过亚洲、欧洲、非洲、拉丁美洲的几十个国家和地区，与联合国贸发会，以及牛津大学、中国人民大学、北京大学、清华大学、香港中文大学等大学的专家学者共同研究探讨关于人类未来的问题，探讨为什么冲突、摩擦、战争频发，为什么国际规则和秩序似乎不再有效。最终，我发现背后的真正原因和推手是技术进步，是互联网和数字技术革命。

我更大的发现是一个新的文明正在形成。这是全球性的，超越了国家和地区的界限。它是基于互联网、人工智能、区块链、大数据等新技术，以及更加普遍的全球化意识而发展起来的。这个新的文明带来了巨大的变革和挑战，这也是我探求多年的世纪之问的答案！这是新的文明到来前的黑暗，虽然黑暗会过去，但它会带来痛苦。我们必须接受这个新的现实，因为这种痛苦可能不是短期的，而是一种长期趋势。

然而，世界的乱局和危机背后的本质原因不是这个新的文明本身，而是这个文明在发展过程中出现的许多问题和挑战。其中最主要的一个问题是价值观和规则的转变。在这个新的文明中，价值观和规则的变化比技术和经济变化更重要。我们已经看到了许多不同的文化和价值观在这个新的全球化时代中的碰撞和冲突。这些文化和价值观的差异往往引起了许多冲突和紧张局势。

此外，随着技术的发展，社会结构也会发生变化。在新的文明中，新的国际社会结构和组织形式将随之出现。这将导致许多传统的组织和体制失去权威,从而引起国际社会的不稳定和矛盾加剧。因此,我们需要制定新的规则并倡导新的价值观,以建立一个可持续的、稳定的全球秩序。这需要国际社会和国际组织的合作和协同。

数字技术的发展正在经历一场前所未有的革命,特别是近些年区块链的出现为这场革命注入了更大的动力。新的数字技术正在改变我们的生活,不仅对人类社会的进步和发展产生深远的影响,还在重构世界格局和国际关系。然而,由于数字技术的迅猛发展和全新的技术革命,我们的国际社会,特别是那些曾经主导世界局势的大国,似乎对这些变革还不能完全适应。在过去,我们所熟知的国际规则和秩序是基于工业文明和信息文明的,而这些规则和秩序已经无法适应新的技术革命下的世界发展趋势。因此,国际社会出现了不适应症,包括战争、摩擦和"退群"等问题。这些问题导致了世界的规则、秩序、格局和权力的改变,让我们感受到了新的文明出现过程中的阵痛。

作为人类发展历程的重要里程碑,数字技术革命正在为我们带来新的机遇和挑战。尤其是区块链技术的出现,这一技术不仅能够加速数字化进程,为人们提供更加安全和便捷的交易方式,同时也能够带来更加公正透明的治理环境,扩大参与者的选择权和自主权。这也将成为重建世界规则和秩序的重要契机。

相比传统的中心化的制度和规则体系,区块链技术让我们可以探索去中心化的治理方式,通过去除中心化的权力,能够让更多的人参与到治理中,实现治理的民主化和公正性,让每个人都有发言权和决策权。这意味着我们可以建立一种更加公正和透明的治理机制,避免权力和资源集中在少数人或国家中的风险。

总之,数字技术正在带领人类进入一个新的时代。我们需要认真思考这场变革所带来的挑战和机遇,建立起更加公正、透明、安全和可持续的数字经济体系和治理机制,以实现全球共同的繁荣和发展。

那么人类新的文明出现的边界与条件是什么?有什么规律可循呢?带着这些疑问,我继续着我的研究。功夫不负有心人,我最终发现了人类文明的起源和本质,以及人类文明的内核和驱动力。**人类文明的内核是"价值",而人类文明的驱动力则是"技术"。这是一项重大的发现，我查阅了大量文献，发现这是学术界第一次从这个视角研究人类文明。

我在研究中，特别关注了数字技术革命。我惊奇地发现，数字技术革命正在深度地、快速地改变世界。与过去几次工业革命不同，这次数字技术革命不是在某一专业或领域，而是涉及人类社会的各个方面，比以往几次工业革命来得更加猛烈，人类社会将发生全方位的质的变革。因此，在过去五年中，我将研究重点集中在以区块链为代表的数字技术及其应用上，并与联合国贸发会、几个大学和智库研究机构展开了深度合作。通过这些合作，我深入了解了区块链技术的共识机制、去中心化、不可篡改和分布式存储等特性。这些特性都使得数据和规则更规范、更可信、更有价值。数字技术与万物融合驱动的价值革命，带来了生产关系、价值体系的变革。耕牧技术驱动农业文明，工业技术塑造工业文明，如今数据已经成为土地、劳动力、资本、技术之外的第五大生产要素，以数字为基础的数字价值体系正在驱动生产关系的改革、全球价值链的重塑及世界的变局，这也就意味着出现了新的文明。数字技术革命正在把人类带入新的文明时代，我定义人类这次新的文明为**"人类价值文明"**。

人类价值文明是什么？**人类价值文明就是在数字技术的驱动下，人类对价值形成的可信共识和减少熵增的过程。**通过建立价值共识机制，不断促进价值秩序的建立和治理秩序的构建，人类能够消除巨大耗散系统的影响，形成新的**价值文明范式**。

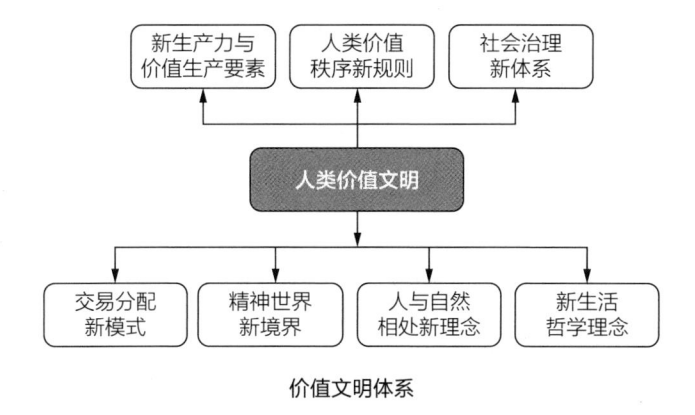

价值文明体系

"人类价值文明"是一个全新的概念，是人类文明的新的更高的阶段。为了验证"人类价值文明"概念和我的重大发现，让研究和应用变得更加简单，让**"人类价值文明"**理论更加容易理解，我首先创造了**"人类文明函数模型"**，并提出了**"人类文明负熵""人类价值共识""人类价值秩序""人类价值共同体"**等理念。

价值文明是建立在人类文明函数模型基础上的理念。在人类文明函数模型中，技术和价值规律是人类社会发展过程中的两个变量，任意一个价值规律阶段，都有确定的技术和它对应。技术是自变量，价值规律是随着技术的变化而变化的因变量，而价值本身则是贯穿人类社会发展历史中不变的常量。**自变量与因变量集合、映射，价值作为核心动力源，创造了每个阶段的文明函数值。**

正如安瓦尔所言，人类文明是人类进步的标志，不断进步是人类所追求的目标。而人类价值文明，则是人类文明中最伟大的进步之一，它所包含的道德、别具个性的文化、思想及艺术成就构成了人类的灵魂。人类对价值文明的追求始终是人类文明进步的重要动力。

相信随着人类价值文明的实现，世界将会迎来基于价值共识的新的合作机制、秩序和体系。人类每一次进步都需要无数人去奋斗，而这种奋斗需要人类命运共同体的理念，需要大家共同合作，形成共识。不同群体或国家之间的合作是非常必要的，各国之间需要在合适的合作层面上形成互相尊重、包容、协作和学习的共识。这些新的变化必须建立在人类命运共同体的理念之上，只有这样，人类的文明才能得以延续和进步；只有这样，人类社会才能进入具有公平、自由、平等的命运共同体的新的价值文明时代。

人类价值文明，可以说是在数字技术革命的进程中，以对人类生存的根本性和总体性问题进行缜密研究并提出正确的价值观念为根本使命的学说，是引导人类有智慧地生存的学说，是回答人类将向何处去的学说。当然，我的研究到目前为止仅仅是冰山一角，随着区块链技术的进一步发展和应用，我们可以期待未来所带来的更大的变化和机会。我在此呼吁更多能人志士参与到价值文明的研究中来，呼吁全社会、全人类参与到人类新的价值文明的建设中来。

在此，我要向曾经在这项研究中帮助过我的政要、专家和学者致以感谢，谢谢他们对我的支持和鼓励。特别要感谢巴基斯坦前总统穆沙拉夫、马来西亚总理安瓦尔，他们的格局、视野、贡献和经验对我的研究产生了重要影响。

同时，我还要感谢我的良师益友杨金绕老师、魏曼曼老师，正是他们的建议和鼓励使我坚定了继续探索这个领域的信念。

最后，还要感谢我的同事邵丹丹、张宇、周星辰等，邵丹丹承担了大量资料搜索、文献整合、审查校对等工作，他们在我日常工作中提供了很多支持，为我节省了时间成本，从而让我更加聚焦于价值文明的研究，也增强了我研究与探索的信心。

引言 | Preface

人类起源于约450万年前的古猿，人类的历史已有约200万年，在绝大部分的时间里，人类依靠现成的自然环境生存，上演着采集渔猎的荒野求生，史称原始文明。距今约一万年前，农耕、畜牧技术的出现孕育出了人类社会文明，即第二阶段的人类文明——农耕文明。以17世纪蒸汽机出现为标志，人类社会用两三百年时间进入了繁忙的工业化时代，人类文明步入第三阶段——工业文明。自工业革命以来，技术变革成为现代经济增长的源泉。进入20世纪，信息技术的应用只有几十年时间，但世界却因此发生了翻天覆地的变化。

人类社会首先有了人类，然后才构成了社会。人类是一个生物物种，自人类诞生以来，技术的不断进步和应用改变了人类的生存和生活方式。技术隐秘地塑造了人类，信仰、文化、精神和制度衍生塑造了繁荣灿烂的社会文明。人类社会是人们相互交往、合作和互动的结果，人类从单一部落转向社区，又从社区转到互联社区，现在正在进入跨越物理世界的后互联网时代，完成从有限社区到无限世界的转变。

今天这个时代，科技的"井喷"孕育着令人惊叹的新奇事物和奇迹。人类正在经历一场数字革命，数字技术的巨大影响力正在渗透社会的方方面面，数字化正在引发一场彻底改变传统的变革，一个新的时代即将来临。和任何一个历史时期一样，当前时代既有璀璨的一面，也有灰暗的一面。我们获得了空前的创造力和生产力，创造出巨大的财富，生活水平的提升速度之快是人类历史之最。我们拥有了更多的选择、更丰富的生活、更有趣的体验、更体面的工作……这个时代越来越具包容性、自由性和民主性。

人类享受着科技带来的便利和繁荣，同时也经受着反复的不确定和困扰。历史上的战争和冲突是人类社会的局部崩盘，而当今世界面临的是波及全人类的危机和挑战。便捷的交通和密切的联系，把各个国家和地区编织在同一张命运网上。面对贸易武器化、财富不平等、公共卫生危机、安全与和平的赤字、地球资源与生态危机、经济发展鸿沟等层层叠叠的问题，民粹主义、恐怖主义、"逆全球化"等思潮在全球范围共振，没有哪个国家和地区可以独善其身。

但是，与仅有一部分人能够获得财富和贸易权的工业革命不同，这场数字革命正在塑造一个更加包容、透明和创新的世界，使得每个人都能获得应有的权益。促成这些行为的因素是共识和信任，达成共识和信任的前提是对某方面价值的认同。价值是贯穿人类文明历史的内核。

目录 | Contents

|第一篇|
人类文明进步　时代的新发现

003　◇　**第一章**
　　　　价值是人类文明的内核

005　◇　第一节　人类价值元点
013　◇　第二节　人与价值的量子纠缠
015　◇　第三节　人类价值秩序
016　◇　第四节　人类价值共识
018　◇　第五节　人类价值共同体

021　◇　**第二章**
　　　　技术是激发价值的手段

022　◇　第一节　技术是对价值的表达
025　◇　第二节　技术是文明的核心推动力

027 ◇ **第三章**
人类文明的函数和负熵

029 ◇ 第一节　人类文明函数
049 ◇ 第二节　人类文明负熵

071 ◇ **第四章**
人类价值文明

073 ◇ 第一节　新生产力与价值生产要素
081 ◇ 第二节　人类价值秩序新规则
085 ◇ 第三节　社会治理新体系
094 ◇ 第四节　交易分配新模式
096 ◇ 第五节　精神世界新境界
097 ◇ 第六节　人与自然相处新理念
098 ◇ 第七节　新生活哲学理念

| 第二篇 |
价值文明的新时代背景

109 ◇ **第五章**
价值觉醒

110 ◇ 第一节　贸易在塑造世界
116 ◇ 第二节　后疫情时代的"价值共同体"

第六章
价值冲突

- 120 ◇ 第一节　基本价值冲突
- 125 ◇ 第二节　价值冲突的表现
- 128 ◇ 第三节　信任危机
- 132 ◇ 第四节　信息孤岛
- 134 ◇ 第五节　秩序失衡
- 136 ◇ 第六节　全球鸿沟
- 139 ◇ 第七节　世界变革

第七章
价值革命

- 145 ◇ 第一节　数字革命
- 154 ◇ 第二节　价值互联网
- 158 ◇ 第三节　价值重构：新价值链

| 第三篇 |

人类价值文明　通往未来的时代路径

第八章
人类价值文明的价值基石——全球文明史

- 203 ◇ 第一节　中华文明的永续发展
- 205 ◇ 第二节　价值文明的全球文明意义

207　第九章
人类价值文明共识空间——元宇宙

209　第一节　价值趋性的共识选择
212　第二节　当下文明的价值孪生
217　第三节　未来文明的价值推演

221　第十章
人类价值文明的价值共同体——人类命运共同体

222　第一节　价值维度：技术驱动下的人类文明负熵
224　第二节　价值同构：人类发展倡导价值共同体的必然趋势
225　第三节　价值理想：人类命运共同体倡议下的全球文明

231　第十一章
人类价值文明倡议书

值——文——明

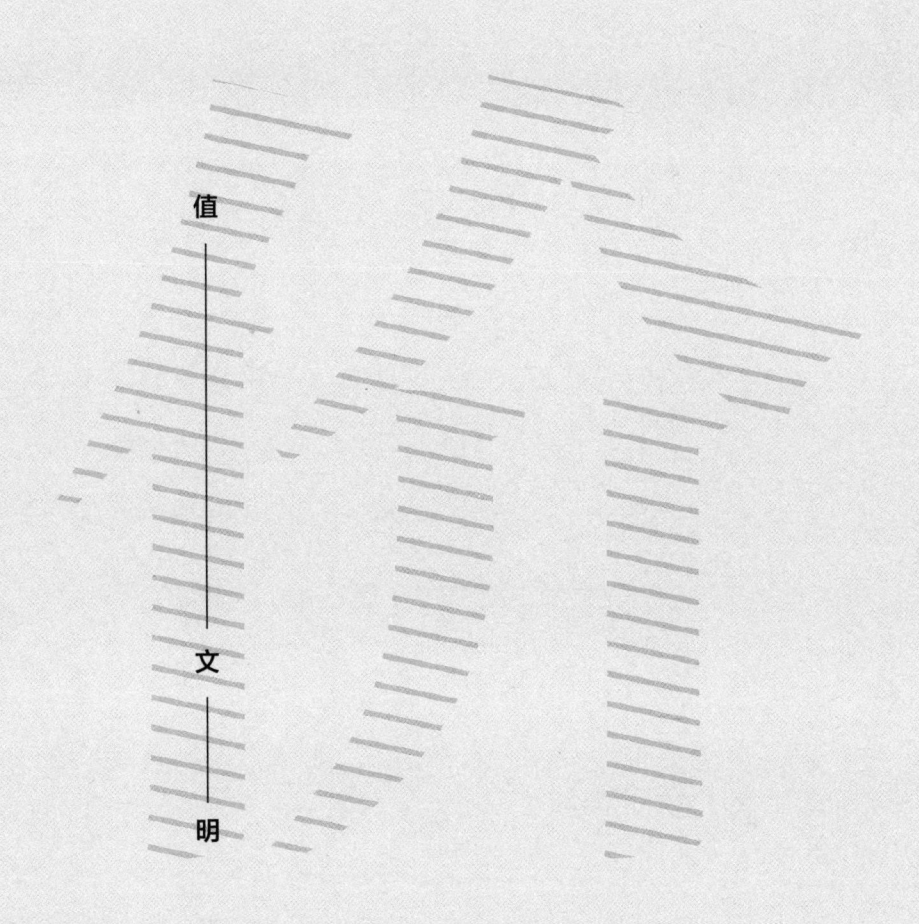

第一篇

人类文明进步时代的新发现

第一章 │ Chapter 1

价值是人类文明的内核

价值是人类文明的内核，这是人类文明研究史上的新发现。元价值、价值存在、人类价值共识、人类价值秩序、人类价值共同体都说明了价值是人类文明的内核。这是一个不得了的发现，无论对人类文明史的研究还是对人类文明的发展、进步都意义重大。

在人类文明发展、进步的历程中，价值的存在起着举足轻重的作用。价值是指事物所具有的某些特质或特点，人们对这些特质或特点的认知和评价就是价值的存在。而在人类社会中，价值不仅是一种抽象的概念，它还是人们在现实生活中的指导和目标。

元价值，指的是最基本、最普遍、最核心的价值观念。它是指所有人类都应该遵循的基本原则和道德准则，如尊重他人、诚实守信、勤劳努力等。元价值是文明的基础和灵魂，是文明最根本的理念和信仰。

价值存在，指的是价值观念存在于人类历史和社会生活之中的事实。价值存在不仅体现了文化、习俗、传统等的差异，还体现了人类普遍的认知和理解。

人类价值共识，是指不同文化和宗教之间的一致性，以及不同区域和民族之间的一致性。人类价值共识体现了人类对生命、人权、自由等方面的普遍尊重和认可。

人类价值秩序，是指在人类社会中对价值观念进行排序的一种系统。人类价值秩序使得人们能够对不同的价值进行比较和选择，从而更好地适应社会的发展和进步。

人类价值共同体，是指不同国家和民族之间的一种共同理解和共同目标。人类价值共同体体现了人类社会在价值观念上的统一，是实现全球和平、社会良性循环的重要保障。

综上所述，人类的文明不仅体现为物质世界的发展，还体现为价值观念的逐步更新。人类需要在价值共同体观念的基础上建立起新的文明秩序，推动人类文明向前迈进。

第一节　人类价值元点

元价值是哲学本体论意义上的价值，具有规范性及本原性。元价值是在人类历史的长期演进中形成的，是人类社会在不断发展和进步过程中所产生的具有普遍性、持久性和共通性的基本价值取向。不同文化表达和实践这些基本价值的方式可能不同。元价值在跨文化交流和全球化背景下变得越来越重要，因为它可以作为不同文化之间沟通的桥梁，以及在各种跨国问题上作为寻求共识和解决方案的基础。

那么，人类社会的元价值是如何形成的呢？

从约公元前600年至约公元前500年，泰勒斯提出了"水是万物之原"，古希腊哲学以此为起源。在对哲学的思考与探索中，古希腊人开始摆脱神创论的束缚，打开了理性思考世界的大门。不过，这一时期哲学家们的思想趋向"自然哲学"，关注的是世界的起源、万物的构成，比较著名的有以泰勒斯为代表的米利都学派、以巴门尼德为代表的爱利亚学派，以及以毕达哥拉斯为代表的毕达哥拉斯学派。正是这些关于自然哲学的思想引发了后世哲学家们对人本身的理解。

约公元前400年，古希腊哲学家普罗泰戈拉提出"人是万物的尺度"，强调人类是判断事物的唯一标准。这一思想在古希腊哲学中具有重要地位。根据普罗泰戈拉的思想，每个人都是独立的个体，且具有自己的感知能力、思考能力和价值观念。他认为，真理取决于人类的感知和认知，而不是外部客观世界的本质。换言之，人类的主观意识和思维方式影响了他们对世界的看法，从而塑造了他们对真理的理解。"人是万物的尺度"这一思想反映了古希腊哲学家对人类与自然之间关系的重新评价，并为后来的哲学思潮提供了一种新的思维方式。例如，笛卡儿的"我思故我在"就是借鉴了普罗泰戈拉的思想，并将人类的主体性和意识的重要性置于哲学思考的中心。这一思想成为之后现代西方民主制度、个人权利和多元文化等方面的理论基石。古希腊雅典城邦是世界上最早的民主政体之一，公民可以参与政治决策，有投票权，党派自由，可以参加大会的讨论和表决，可以提出新的法案、修改已有的法律、审判法律等。虽然古希腊民主制度存在一定缺陷，比如它只适用于成年男性公民，而妇女、奴隶和外邦人等群体都不包括在其中。尽管如此，古希腊的民主制度仍然是人类历史上的一个重要政治实践，它强调了公民参与政治决策和权利平等的原则，是现代民主制度的先驱。

赫赫有名的哲学家柏拉图、亚里士多德、伊壁鸠鲁等都来自古希腊，他们强调人类的尊严和价值，追求自由、平等、公正和人道精神。古希腊文明在艺术和文化上，以人类为中心，描述了人类的普遍价值观，强调自然、和谐、美、理性等，这在古典艺术和建筑上体现得很深刻。包括全球极具盛名、被广泛认可的奥林匹克运动会，也是源于古希腊，它强调的健康、友谊、公正和荣誉等价值观，也是人类的普遍追求。如今，奥林匹克运动会为国际社会实现最广泛的交流和团结提供了可信的价值纽带。

"在生活给人们所提供的范围内，充分发挥人的各种主要能力，使生活臻善臻美。"这是古老的希腊给幸福下的定义。亚里士多德认为，政治制度应该致力于使公民得到自我实现和幸福，政府应当通过营造自由、平等、正义的社会环境让人们充分发挥各种主要能力，实现生活臻善臻美。这反映了古希腊哲学家对幸福的追求，以及人类对自我实现和生命价值的重要认识。

东方对人类自身的认知及对人类道德伦理的研究，比西方早了至少一个世纪。东方的哲学思想从各个方面体现了对元价值的追求。2500多年前，孔子开创了影响中华文明数千年的儒家思想。儒家思想强调人与人之间的关系、社会秩序和礼仪道德的关系，提出了许多关于人性、社会秩序、教育和自然界之间的互动关系的思路和观念。儒家思想的核心理念之一——"君子以人为本"，是关于个体、社会和政治的整体哲学理论，认为任何事物都应该以人的利益和幸福为出发点。儒家思想认为，人类应该被赋予尊严和价值，人类应该受到尊重，每个人都有自己的天赋和独特之处，个人特点应该得到重视。鼓励和促进人的全面发展不是现代才提出来的口号，孔子曾指出"兴于诗，立于礼，成于乐"。儒家教育涵盖礼、乐、射、御、书、数，不断地培养人的品格、智慧和技能，可以说是最早主张人的全面发展的学说之一，鼓励人们实现自我完善和自我超越。在人与人的关系层面，儒家思想认为建立和谐的人际关系是非常重要的。同时，在个体层面，儒家思想强调人的道德修养，这是社会和谐稳定的基础。在儒家经典中，有很多关于以人为本的论述，如《论语》中的"己所不欲，勿施于人""君子喻于义，小人喻于利"，等等。

普遍性、持久性和共通性是元价值的特性，它与相对价值不同，相对价值是指事物在特定情境或条件下的价值。元价值提供了一个通用的标准来衡量行为和决策的道德性，被用于许多国际法和条约的制定中，以保障人类基本权利和诉求的公正性和合法性，这也是维持人类文明可持续发展的重要手段。元价值是价值文明哲学的起点，也是人类文明追求的终点。

价值存在是对元价值的具体表现和实践。只有置身于人类现实生活中，才能获得对元价值的科学诠释。现实世界的客观性、普遍性、开放性对应了价值的客观性、普遍性、多样性。面对复杂的现实局势，人类文明的核心表现需要借助标准的价值尺度。

价值存在是一种关系性存在。人与自然、人与社会、人与人之间的价值关系，是普遍且必然存在着的。价值关系是人们在社会生活中的一种存在论关系。马克思和恩格斯提出："人们的存在就是他们的现实生活过程"。这里的"现实生活过程"，首先是指社会物质生活条件的生产过程，同时还包括受物质生产制约并反过来制约物质生产的其他过程，如现实的人的生命过程、生活过程和人本身的再生产过程，以及人们的全部社会关系和社会交往过程，等等。它们共同体现人的活动的本性——客观社会性。而价值关系，是贯穿在生产关系、经济关系、民族关系、阶级关系、政治关系、伦理关系等各种具体社会关系中的一项基本内容，并不是与它们分离的单独形式。

作为人类社会存在方式之一的普遍价值关系，价值存在的关系性具有下列特点。第一，客观性，即价值关系是人与自然、人与社会、人与人这些物质存在之间的客观关系。这些关系首要的和直接的表现是客体对于主体的物质存在和发展的保障，如需求、能力、权益、利益的实现，实现的过程是同一定的社会物质过程相联系的。第二，社会历史性，即价值关系总是作为一定历史发展阶段中的具体的社会关系而存在的，它任何时候也不游离于现实的社会关系和条件之外。价值关系的表现及其实现过程，随着整个社会的历史发展而改变着，同时它也反过来体现着社会历史发展的水平。第三，人的主体能动性与自然历史过程的统一。人们的社会存在本质上不是一种消极的、静止的存在，它本身就是人的本质活动的过程。"这些个人是从事活动的，进行物质生产的，因而是在一定的物质的、不受他们任意支配的界限、前提和条件下活动着的。"[1] 人们的价值关系和价值活动鲜明地体现了社会存在的这一本质。

价值存在的范围和意义在不同的学科和领域中表现出来的关系性可能存在巨大的差异。

在哲学领域，价值存在可能指的是物体或概念本身的存在价值，或者是人们基于这些物体或概念的评价所产生的价值观念。例如，有哲学家认为，道德价值存在于人们的行为和意图中，而不是存在于外在的客观世界中。

在心理学领域，价值存在通常指的是个人的内在信念、意义和目的，即他们的生活意义和崇高目标。这些价值观可以影响他们的思想、情感和行为，也可以指导他们在生活中的决策。在人类发展的不同阶段，每个人的价值观可能会受到不同因素的影响。例如，社会文化、个人经验、家庭教育等都是塑造个人价值观的重要因素。此外，在一个人的成长过程中，他们的价值观可能会不断变化和调整，与此同时，伴随着年龄的增长，他们的价值观也会逐渐趋于稳定。

在社会学领域，价值存在通常是指在特定文化或社会群体中普遍被接受的价值观。这些价值观可以影响一个人的行为、态度和思考方式，并直接或间接地影响整个社会的发展和变革。例如，权力、名声、金钱、荣誉等无形

---

[1] 卡尔·马克思、弗里德里希·恩格斯，《德意志意识形态（节选本）》，中共中央马克思恩格斯列宁斯大林著作编译局译，人民出版社，2018年。

的价值观在某些文化和国家中可能比基本的生活安全更为重要，进而影响个人和整个社会的行为和决策。另外，价值观的多样性和差异性也促进了社会的多元性和包容性发展，使人们能够更加尊重和理解不同文化和价值观。

在商业领域，价值存在通常与利润等经济因素有关。也就是说，商业组织和企业必须考虑到投资成本、销售收入、利润率等因素，才能在市场竞争中取得优势。但是，除了利润目标，商业组织还需要考虑人们对产品和服务的需求和价值观，以及他们在产品购买方面的态度和行为。因此，商业组织和企业需要不断地调整其策略和市场营销方法，以适应不断变化的市场需求和人们的价值观。

综上所述，价值存在的领域涵盖多个方面，包括人类的需求和欲望、文化和历史、认知和情感等，无论在哪个领域，价值都是人类社会和文化共同体中非常重要的一部分。人们必须不断地反思和探索价值的本质，以更好地理解人类社会的本质，从而促进人类社会持久发展。

价值存在是一种主体性存在。价值是人与世界关系、主客体关系中的一项重要的内容，在人的实践和生活中占据重要的位置。因此，如同实践范畴具有世界观的意义一样，价值范畴也具有世界观的意义。换言之，这些事物、事件、关系和规律，一方面作为这个世界的一个要素、一个部分、一个环节，作为具体的"存在者"而存在着；另一方面，它们又作为人的实践活动的基础、环境、对象、条件而存在着。

人，是人民，既是一个总体的范畴，又是一个历史的范畴。作为总体的范畴，它是包含着无数个人的集合概念，是无数个人的总和；作为历史的范畴，它体现了人在时间上的发展和延续。人民是人类的"健康肌体"，是现实生活中的正常人类，人类利益也就是现实的大多数人民群众的利益。如果说从个人主体的层面对价值的考察属于微观研究的话，那么从人民主体的层面对价值的考察则属于宏观研究，只有将两方面有机地结合起来，才能更加深刻全面地理解和揭示价值现象的本质和演化的规律。价值文明的研究主体"人民"，既是个体，更是全人类。

"价值"这一哲学概念，主要表达了人类生活中的一种普遍关系，就是客体的存在、属性和变化对于主体"人"的意义。人类要生存发展，就必然要求自然界满足自己的各种需求。而自然界是不会主动满足人类的需求的，人类只能通过自己的活动来实现这种满足。不难想象，这种关系是自人类产生就在人类与外界自然物之间存在着的。在外界自然物对于人的意义方面，价值问题可以说是人类与生俱来的问题，价值关系一直是人类社会实践中的一个基本关系，人类是实践的主体。在实践中，人要满足自己的需求，就必须对自然界本身及其规律有所了解。于是，满足主体需求的意识同把握客体现实的意识，就同时成为人类意识中的两个基本方面。恩格斯曾这样描写人类意识的形成："随着手的发展，头脑也一步一步地发展起来，首先产生了对个别实际效益的条件的意识，而后来在处境较好的民族中间，则由此产生了对制约着这些条件的自然规律的理解。"[1] 按照这个说法，在人类意识的形成和发展中，关于实际效益（属于价值问题）的意识与关于客观条件和自然规律（属于知识、真理问题）的意识，是不可分割的两项内容。事实正是如此。

价值存在是一种现实性存在。"实践的唯物主义"是马克思哲学的价值导向，即把"对象、现实、感性"理解为"实践"的全新唯物主义。马克思说："对实践的唯物主义者即共产主义者来说，全部问题都在于使现存世界革命化，实际地反对并改变现存的事物。"[2] 这表明，马克思的哲学价值学说不仅是关于价值现象的科学理论，同时也体现着人类解放的价值观念和实践导向。

人的世界就是价值世界。张军在《价值哲学的存在论基础》中提出，人正是在改造世界的"为我"实践活动中，不断把自己的本质力量作用于对象世界，把世界对象化为满足自己需求的"为我之物"，符合自己要求的"为我关系"，促进自己全面发展的"为我之境"，从而造就了价值世界不断向人类自身发展的展开。[3] 在人类生活中，经济、政治、道德、艺术、宗教、法律、文

---

[1] 弗里德里希·恩格斯，《自然辩证法》，中共中央马克思恩格斯列宁斯大林著作编译局译，人民出版社，2018年。
[2] 卡尔·马克思、弗里德里希·恩格斯，《德意志意识形态（节选本）》，中共中央马克思恩格斯列宁斯大林著作编译局译，人民出版社，2018年。
[3] 张军，《价值哲学的存在论基础》，人民出版社，2018年。

化等现实活动本身就是人们追求和实现多元价值的方式，人类社会中的一切活动和实践都是在某种价值体系中展开的。科学、知识和被它们反映的世界，特别是自然物本身，也属于价值世界的范畴；技术和教育是已经价值化的科学知识；"生态"等概念的提出，表明自然界也被全面地纳入了人的价值世界……当代科学和实践的发展，已经准确无误地把价值问题推向了人类思考的前沿。

全球化背景下的竞争，将是在由科学和实践组成的价值世界中以价值体系和价值观念为核心的思想和智慧之争。由此，我们便不难理解价值论研究和建设的使命与意义，在这一切之上的最重要的话题，还是作为价值主体的"人"的本身。价值世界是"主体世界"和"客体世界"相统一的维度空间。

价值存在的关系性和主体性表明，价值存在于人的实践活动中。价值存在把人类生活实践及其历史发展作为价值研究的最终"文本"。作为哲学范畴的"价值"概念，价值存在是人类生活中一大类特有现象的总名称、总概括。

深入到实践结构的内部去揭示价值现象的意义，可以让我们更好地理解和分析价值存在的总概念。实践作为人类的对象性感性活动，是人类特有的存在方式，是人类生命活动的本质形式。实践结构包括人们在日常生活中所进行的各种活动和行为的组织结构，这些活动和行为反映了人们的认知、情感和意义取向。只有从实践的内在结构和过程中找到价值现象存在和发生的根基，才能深刻地把握其本质和普遍性、必然性。价值并不是外在的人类生存发展活动的某种先验的、神秘的现象，它产生于人类特有的对象性关系之中，即主客体关系及其运动之中，也就是实践活动；它产生于人按照自己的尺度去认识世界、改造世界的活动之中，是实践的一个内在尺度、一种基本指向。

根据这一认识，我们可以发现不同活动和行为背后的价值取向和目标，从而更好地理解和诠释价值现象的意义，从宏观上概括有史以来推动人类进步、发展的两大动力——"追求真理"和"创造价值"。例如，在经济领域，人们通过生产、交换、消费等实践活动来追求物质财富和经济繁荣。在社会和政治领域，人们通过参与政治、社会组织、社会活动等实践来推动社会公平、正义和变革。在文化和艺术领域，人们通过创作、欣赏、传承文化等实践活动传达价值理念。

另外，通过深入到实践结构的内部，我们可以分析不同价值世界之间的价值差异和冲突的现象及缘由。在现实生活中，不同的人、组织、社区和国家之间存在着不同的制度、法律、价值观念、文化信仰和利益取向。这些差异可能源于不同的文化、宗教、历史背景、社会习惯等，也可能源于经济、政治、利益等方面的情况不同。这些价值差异和冲突表现为不同群体之间的对立、矛盾，影响着全球的和谐与稳定。价值差异和冲突也是价值概念的一面，是影响人类社会和谐发展的根本原因。

价值存在的现实性表明，价值存在于现实的社会发展过程之中。价值活动与人类实践活动的一致性说明，价值活动并不外在于人的社会活动，而是内含于其中的重要内容。人类的实践活动不是自始而终的，而是随着社会历史的发展和变迁而不断地演进和转化的。在不同的历史时期，价值存在的表现形式也不同。古代时期，客体世界的价值代表是土地，以及土地上为人类生存提供蓄能的事物，主体世界的代表则是普遍重视传统、尊重长辈和神灵等价值观念。中世纪时期，领土、贸易根据地是客体世界的价值表现，以基督教信仰为指引，人们将虔诚、谦卑等视为维持社会秩序的价值观念，并通过信仰获得心灵上的安慰。近代时期，人们通过现代技术的发明和应用，扩增了客体世界的价值，自由、平等、民主等价值观念得到重视和强调，人们开始追求个人的自由和权利，反对专制和独裁。在当代社会中，客体世界的价值表现增加了新的维度空间，即互联网世界为人类创造了更多的价值财富。同时，环境保护、公共福利、多元文化等价值观越来越受到关注和重视，人们开始意识到全球化和环境的重要性，进而倡导包容和多元性，延续人类文明的历史。

通过不同时期的比较和分析，可以发现价值存在随着科技、社会经济、文化和政治等因素而变化，人们对于价值创造的方式和程度，以及对于美好生活的追求和价值观也随之变化。价值存在是一个不断演变和变化的过程，而不是一个静止的状态。

第二节 人与价值的量子纠缠

当我们谈到价值时，总是不可避免地想到人类自身的价值。然而，真正理解价值的存在需要从更广阔的视角来考虑，因为人类的存在是与周围的世界紧密相连的。这就意味着，人与周围环境的关系是量子纠缠的，其中价值是量子纠缠的重要组成部分。

量子纠缠是指两个或更多量子物体之间的关系，它们处于融合状态，无论物体的距离有多远和信息传递的速度有多快，纠缠状态都会保持下去。相比之下，经典物体只能在我们理解的时间和空间内相互影响。事实上，在量子物理学中，观察者和被观察的星体之间的关系也是一种纠缠状态，观察者对观察的物体所做的任何操作都会对它产生作用。

人类的价值在世界中不是单独存在的，而是与周围环境紧密相连，是一种长期的量子纠缠状态。这个状态并不是单向的，而是相互影响的。人的存在和意识的产生必然影响周围环境，而周围环境的变化也会影响人的生存和发展。这种相互作用带有一种非常规的、无法完全解释清楚的联系，可能超越了我们目前所理解的范畴，但它呈现出一种神秘而又美妙的意义，激励着我们去探索和更深层次地寻求真相。

从人与价值的关系来看，可以说价值存在论的矛盾是人与价值的纠缠的体现之一。价值的存在论研究（本质上是人类实践的特有内涵，揭示了存在即价值）是关于价值现象发生与存在的基础、本质和方式等问题的研究。关于价值的基础、本质和方式等问题的结论，曾有过各种各样的思维方式，大体上为"观念说""实体说""属性说""关系说"等几种类型。马克思的"实践说"，进一步把价值看作人类实践的特有内涵，是实践的内在规定之一，是研究价值问题一种必要的、合理的基本方式。

价值是人类社会存在的内在规律，也是构成人类文明的重要元素。无论哲学家还是其他学者，都试图寻找价值的本源和内核。然而，价值的本质并不能简单地呈现和描述，它是人类智慧的结晶，也是历史发展的结果。无论在哲学还是社会学领域，学者都在不同的层面对这个问题进行了有关探讨。

价值的存在论研究，并不以寻找"价值实体"或"终极价值"为己任，也不赞成把价值当作实体（主体、客体或独立的"第三世界——价值王国"）的属性，而是主要定位于存在论的第二个角度——"本态论"的视角和方法，力求以人的主体性存在方式来揭示价值的存在及其本质，进而寻找价值主体的"价值共同体"。

在这个过程中，各种价值观不断地涌现、交融，不断地洗练，也不断地更新。伴随着人类社会的变迁，不同的价值观被赋予不同的文化内涵，形成不同的价值体系。不同的价值体系之间展开的是一场永无止境的较量，它们不断地相互碰撞，不断地演绎着人与价值的纠缠关系。

国家及共同体的形成与衰落，以及技术迭代，可以理解为价值主体与价值关系之间的量子纠缠，即最终都是以价值为内核的量子纠缠。这是因为这些现象都涉及人类对于价值世界的认知和评价，而价值世界本身是动态的。

国家及共同体的形成与衰落是不同价值主体之间的相互作用和纠缠的结果，其成员有着不同的价值认知和利益诉求，并通过相互博弈和交流，最终形成了一种共同的意志和价值取向。不同的国家用不同的定义和方式来呈现其国家意义，背后隐藏着对于领土、族群、主权等方面的特定的价值观念。这种包容、纠缠和反衬关系，折射出了人类价值观的多元性和时代性。但是，这种共同的意志和价值取向并非永恒不变，它们会随着时间、环境和历史的变迁而发生改变，进而呈现出国家及共同体的动态发展状态。

技术迭代也存在价值纠缠的过程，技术所代表的价值观也在不断地改变和更新。之所以如此，往往是因为现有技术的不足和人们对于更高技术的需求，这又反过来影响着人们的生活方式和价值取向。人类社会生产依托的市场共同体是由技术和价值共同驱动的，它们不断地相互渗透、相互依托，共同构成了文明世界的一部分。现代科技的普及和发展，对人们的社交、生产和消费模式产生了深远的影响，而当代人类也是被技术塑造了的人类。例如，在人工智能领域，人工智能可以提高生产效率及产品和服务质量，但同时，人工智能的思维正逐渐影响人类的思维，未来人类的智慧或许不再是人类自己塑造的，而是被技术所塑造的。

总之，人类对于价值的探究一直在持续地演绎升华。国家、技术、环境等都与价值这个内核存在着复杂而又纠缠的关系，这些关系表现为价值主体与价值关系之间的量子纠缠。作为人类文明的承载者，我们需要摆脱单一思维模式的限制，保持开放的心态，借助新的科学、技术及哲学工具，来探究人与价值之间更深层次的互动关系。

第三节　人类价值秩序

人类作为社会性动物，需要依赖某种共同的价值体系来规范个体的行为，从而维护社会秩序的和谐稳定，促进人类文明的不断发展与进步。价值秩序是人与价值互动的实践。本节将从概念、历史演变、重要性等方面探讨人类价值秩序的重要性。

人类价值秩序是指人类在历史演化的过程中，形成的关于行为准则、人文理念、道德规范、整体意识等方面的总体系统，由人类在生产和生活过程中建立的经济制度、社会制度和文化制度等组成。从最初的原始社会、农耕社会、工业社会、信息社会到数字社会等不同的历史阶段，产生了不同的价值体系，这些价值体系在很大程度上反映了人类社会生产力、科技水平和文化发展水平的高低。原始社会的价值观念主要围绕生存、繁衍和对祖先的崇拜展开；到了农耕社会，人们开始大规模地种植农作物并进行分工合作，逐渐形成了稳定的社会组织和等级制度，此时人类的价值观强调传统、稳定和秩序等；工业社会的到来，标志着人类生产力和科技水平的飞跃，人们的生活方式和价值观都发生了巨变，强调自由、竞争和进步，同时重视人类的平等和尊严是工业社会价值秩序的特点；随着信息社会和数字社会的到来，价值秩序初步显露了开放、协作、共享等新的特点，自我实现、个性发展、创新和创造力是社会运行的主力。从生存繁衍，依次到稳定、自由竞争、平等自由、自我实现，价值秩序的演变证明了人类文明的进步。

价值秩序是人类社会运行中不可或缺的因素。在不同的时代背景下，它为人类社会带来了不同的作用和意义。首先，人类价值秩序在规范人们行为的同时，还可以带来一种秩序感，增强全社会的归属感和认同感，可以有效地防止社会出现混乱和无序状态。其次，人类价值秩序对于形成良好的社会风尚和文化传承也具有至关重要的作用。正确的价值取向可以熏陶人们的心灵，帮助人们塑造良好的道德观和人文精神。如果遗失了根本的人类价值取向，就失去了精神支撑，社会将会岌岌可危，文明更会陷入泥沼。此外，人类价值秩序也是推动社会发展和进步的规范和指引。在人类社会不断向前发展的过程中，不断更新和拓展人类价值观念，扩展价值认知边界，推动社会进步的脚步将会更为从容，从而实现更高水平的发展、创新和变革。

价值秩序是不同文明、不同国家和不同民族共同具有的价值基础，它在引领和推动人类社会不断发展的同时，也需要在时代变迁和文化多元的背景下不断更新和升华。只有保持对人类价值秩序的敬重，人类才能走向一个更加美好的未来。

第四节　人类价值共识

人类是一种具有高度智慧和复杂情感的生命体，其在漫长的进化过程中，不断寻找着自我价值和意义的存在。而这个意义、这个价值，既是人类生存、发展的根基，也是人类文明进程中的核心要素。

什么是人类价值共识？我们可以简单地将其定义为：在不同的文化、宗教、民族、语言中，人类对于"好""美""真"等概念的共同认知。这些概念不仅是我们对世界的基本理解，也是道德和伦理观念的根源。在这个共识中，我们认同共同的道德规范，如人权、平等、自由，等等。这些共识不仅存在于个体的意识中，也是所有社会的共同信仰，是人类彼此相依的纽带。

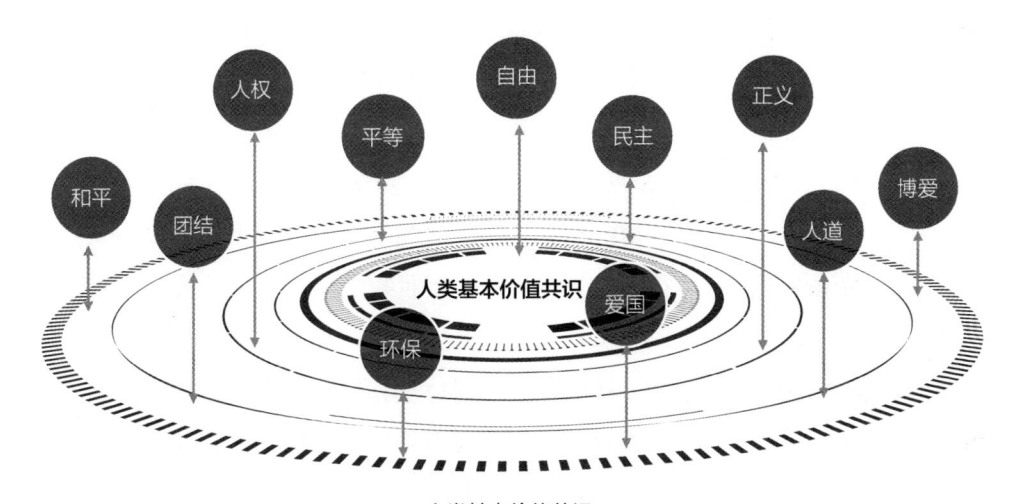

人类基本价值共识

注：选取人类文明典型性的价值共识观念进行诠释

人类价值共识是人类文明进步的核心要素。

首先，它能够帮助我们构建良好的社会规范、道德规范和行为规范。在一个公平、公正、平等、自由的社会里，每个人都可以充分发挥自己的能力，创造出更多的财富、更好的文化。这些价值共识，不仅是权利的保障，也是资源合理分配和文化认同的保障。只有在这样的前提下统一认识，才可以拓展人类进步的途径，并形成更紧密的社会关系。

其次，人类价值共识是实现和平的基础。在人类价值共识中，最重要的一条就是爱与尊重，这包括尊重个体的自由意志、尊重社会各个群体的特殊背景和文化、尊重外部环境及动物的生命和健康，以及尊重人与人之间的友谊和感情。这些理念，为全人类免于恐惧、暴力和奴役，建立了制度、法律和约束，并帮助人们克服了不同文化、宗教、民族和语言之间的障碍。在这样的基础上，不同文明可以在自己的本位中发展，并深入了解其他文明。

在全人类的共同信仰下，人类文明进程不断地向前推进，我们社会中的文化和生活得以丰富。人们在遵守道德规范的同时，展开了科学研究和哲学探索，也在跨文化交流中搭建起了民族和文化的桥梁，彼此沟通和帮助，为创造更加美好的世界而努力。因此，人类价值共识不仅是我们生活和发展的根基，也是我们推动人类文明不断前进的核心力量。在客观的意义上，存在着超越民族、国家、阶级、宗教、行业等界限的共同的基本价值。这是指地球上的人类因为属于共同的物种而有普遍价值，凡是涉及普遍的生命条件、人类特有的生存基础和生命特征的价值，包括自然环境、社会物质生产和精神生活的空间等，是我们每个人都不可或缺的搭建精神世界的要素。这种基于人类个体之间共同点的普遍价值，自人类诞生就存在着，并且它的具体内容还将更加丰富和多样。

人类价值共识为传承和弘扬文化、探究哲学和发展人文艺术提供了平台和基础。在这个共识中，人们可以深入了解他人和他们的思想，同时也能够追求和寻找真理，促使人性进步，凝聚精神力量。

第五节　人类价值共同体

人类价值共同体是建立在人类共同拥有的且超越了国家、民族、宗教等个体差异而相通的价值共识基础上的，由人类共同维护，体现了人类价值观念、规范和信仰。它是一种以人为本、追求共同利益、尊重多元文化的社会形态。

人类价值共同体的特点在于它的普遍性和共通性。它不仅仅是一种特定文化或国家的产物，而是受到全人类共同认可和尊重的一种价值观念。无论在何地，人类价值共同体都具有一致性和普遍性。它强调了自由、平等、尊严、博爱和公正，并以人类的共同理念为基础，以全球化的视野去思考问题。人类命运共同体所推崇的共识理念是具有全球意义的，为不同国家、不同民族、不同文化背景的人们所认同和接受。在此基础上，人类价值共同体中的成员在面对同样的道德问题时，往往会做出相似的判断和行为，而不会因为个人的差异产生很大的分歧。

人类价值共同体是人类共同认知的核心，包括人权、文化多样性、民主和法治等。首先，它使人类不仅仅关注个人，而且关注更广泛的人类利益，为人类的和谐共处提供了可能性。其次，它是人类文明发展的推动力，人类历史上大部分文明的崛起和发展，都是建立在共享价值基础上的。最后，它是人类走向未来的指导思想，在全球化进程不断加速的今天，人类价值共同体成为人类文明建设的指导思想，引领人类走向更加光明的未来。

人类价值共同体的历史意义也是不容忽视的。几乎在人类所有的历史阶段，都有一些智者为推动人类思想进步而不断奋斗，并创建出共同的价值观念。从古代的儒家思想，再到今天和平与发展的理念，这些不仅使人类社会更加文明和谐，也是对于历史的反思和对于未来的展望。

人类价值共同体建立在共同的价值观念基础之上，这些价值观念体现在道德、政治、文化等各方面，整合了人类的信仰和行为准则；人类价值共同体强调追求共同利益，关注每个人的权益和尊严，旨在促进人类的整体利益和稳定发展；人类价值共同体接受并尊重不同文化的存在和发展，也意味着不同文化之间少不了交流和融合。

人类价值共同体是一个包罗万象的价值体系，它是全人类智慧和精神财富的结晶，为全球化时代的人类文明建设提供了指导思想和动力。

第二章　│　Chapter 2

技术是激发价值的手段

从早期的手工时代到如今的数字化、智能化时代，技术一直在改变我们的生活方式、经济发展模式和社会结构。然而，技术的存在不仅仅是为了创造新的设备和工具，更重要的是，它作为一种手段来激发人类的创造力和创新精神，从而释放出无穷的价值。

技术始于人们对现象的深入了解，是一种应用知识和工具的方式。当人们通过观察、实验和分析对特定领域的现象和原理有了更深入的理解的时候，他们就能够提出新的思想和创新的解决方案。

技术对人类文明的进步起着关键的作用。不断革新、不断改进的技术，让人类的前进步伐更加迅速和稳健。耕牧技术、工业技术、信息技术和数字技术等标志性技术引发了一系列的社会变革，促进了人类文明的发展。

第一节　技术是对价值的表达

技术通过利用自然资源，表达出各种价值。技术的发展和应用是在对自然的观察、研究和理解的基础上进行的，通过对自然的把握和利用，技术能够激发自然中的各种潜在价值，实现服务于人类社会的目标。

技术是对自然的编程。技术可以通过设计和控制系统来模拟、改变和预测自然环境。系统可以是物理设计、软件程序、自动化流程等，通过编程和算法，可以将人类的意图和指令转化为机器的行为。这种编程过程涉及对自然环境的理解和模拟，以便实现特定的目标和效果。

技术利用对自然环境的理解和模仿，可以通过建立数学模型和算法来描述和预测自然环境。通过对现有数据的分析和学习，技术可以对自然环境进行预测、反馈，并辅助决策。这种数据驱动的编程过程可以帮助我们更好地利用自然资源。

技术通过创新和发明实现特定目标，这些需求往往基于特定的价值观和追求。

我们生产和生活中的大部分技术应用都会经过一定的编程，比如智能家居技术。智能家居技术通过编程和算法控制各种智能设备和传感器，它们通过对温度、湿度、光照等自然环境的检测和分析，实现对管控范围内温度、湿度和照明的调节与控制。此外，智能家居技术利用了各种现有的知识、资源和工具，通过无线通信技术和互联网连接，智能家居可以与用户的手机或其他智能设备进行连接，实现远程控制和监测。同时，利用人工智能和机器学习算法，智能家居可以掌握用户的习惯和偏好，自动调整设备和运行模型，实现个性化的家居管理。

智能家居技术的应用带来了多层次的价值。一是提供了便捷和舒适的居住体验，用户可以通过手机或语音控制设备，实现智能化的家居管理，提高生活品质。二是智能家居技术可以减少能源和资源的浪费问题，通过自动调节设备运行模式和优化能源利用，实现能源的高效利用和环境的可持续性，此类环境贡献和价值对现代社会的发展尤为重要。三是智能家居技术还具有很强的安全性和安防功能，如智能门锁、监控系统等，能够为家庭安全提供保障。

技术的应用和发展从来都不是孤立存在的，而是紧密联系社会文化的背景和价值观念，反映了每个时代人们对价值的不同追求。

以21世纪为例，首先，社交媒体平台如Facebook、Instagram、Twitter、抖音、微信等提供了实时的社交互动和信息分享功能，强调个人和社交网络的重要性，反映了当今社会对于社交联系和个人表达的追求。其次，在全球气候变化和环境问题日益凸显的背景下，可持续能源的应用和发展体现了人们对环境保护和可持续发展的重视。最后，良好的大环境让人们越来越关注健康和生命质量，如今的社会比历史上任何时期都更注重高水平的医疗服务和先进的医疗技术，同时，也会注重医疗资源的公平分配和普惠性。教育领域相关技术的发展和应用则反映了人们对教育的重视和对知识的追求。数字化学习平台、在线课程和教育应用等工具的出现，强调了个性化学习、便捷获取知识和全球教育的重要性，体现了人们对教育普及和教育质量提升的追求。这些现象表明，技术在不同社会文化背景下的应用和发展，都是在激发适用于这个时代环境的价值，以满足不同时期人类社会的发展需求。因此，理解技术和社会文化的互动关系对于合理引导技术发展、推动人类发展具有重要意义。

尽管技术可以对自然进行编程，但它并不是对自然进行直接操控或控制的。自然界具有复杂性和不确定性，技术的应用仍受到自然规律的约束。技术的应用也要考虑伦理和可持续性方面的问题，确保对自然的影响和利用是符合道德和环境原则的。

纵观技术的历史发展，虽然当代的技术可能对自然的破坏力度更大，但其在应用的同时对自然环境的关注也是比较突出的。随着这种关注度的提升，技术的发展和应用在满足人类需求的同时，也在关注充分利用自然资源的潜在价值，以便合理利用自然资源。我们有责任实现更可持续、环境友好的发展路径，为后代留下更好的自然环境和资源基础。

除了智能家居技术的应用和减少家庭生活中不必要的资源浪费，人们花费了更多的精力，希望利用更直接的技术减少人类社会生产和生活对生态环境造成的破坏。通过利用自然资源，可以实现更高效、更可持续的能源生产和利用，能够充分地发挥自然对于人类社会的价值。比如，太阳能技术利用太阳辐射来产生清洁能源，风力发电技术将风的动能转化为电能，这些技术在减少对传统能源的依赖、降低碳排放和减少环境污染方面发挥着重要作用。

此外，技术的应用可以通过对自然资源利用的优化，提高资源的利用效率并减少浪费，从价值角度来说，是对价值利用的最大化。例如，智能化的水资源管理系统可以监测和控制水资源的使用，实现更有效的灌溉和供水。在农业领域，精准农业技术可以根据土壤和气候条件，做到精确施肥和浇水，最大限度地提高农作物产量，减少资源浪费。

自然对于人类的价值并不是恒定不变的，在人类的影响和自然自身的演变下，自然对于人类的价值会提高也会减弱。而在目前自然环境极其不确定的情况下，人类需要为维持自然价值的恒定付出努力。通过环境监测和保护技术等的发展和应用，人类提高了对自然环境的认知和管理水平，这对使自然环境持续赋予人类社会价值是极为重要的。在发达地区，遥感技术、传感器网络和大数据分析等技术在监测和评估环境污染、气候变化和生物多样性等方面的应用已经较为普遍，为环境保护和可持续发展提供了科学的依据和解决方案。

所以，从整个自然生态和人类文明相交融的角度来看，技术不仅仅通过提高效率、加快节奏来发挥作用，重要的是通过推动人类文明进程，以及最大限度地激发和保护文明价值来体现其价值。

第二节　技术是文明的核心推动力

价值是文明的内核，反映了人类对生活的追求、目标和意义。技术作为一种工具和手段，可以激发和创造各种价值。如果没有技术的发展和进步，人类便不能充分地使自然的价值服务于人类。因此，我们可以总结为，人类文明生存的基础是自然，人类文明存在的内核是价值，而人类文明发展的核心推动力则是技术。

技术的进步激发了创造力的发展。新技术的引入和应用推动了新的思维方式、解决问题的方法和创新产品或服务的出现。这种创新提供的新的价值，推动了社会和经济的进步。例如，蒸汽机和工业革命、互联网和信息技术革命、生物技术和基因编辑等这些标志性的技术进步，都在人类社会的实践中论证了技术进步推动社会经济的进步。这些技术的应用和普及提高了工作效率和生产力。自动化、机器学习、物联网和大数据分析等技术可以简化流程、减少错误、提高生产效率并优化资源的利用，这样可以实现更高的产出和经济效益。

技术的引入和应用对社会产生深远的影响，引领社会转型和变革。历史上的许多重大社会变革都与技术革新密切相关。例如，工业革命的到来带来了机械化生产、大规模工业化和城市化，彻底改变了人类社会的面貌。现代信息技术的崛起则推动了信息时代的到来，改变了人们的生活方式和社会组织形态。

技术的发展与经济发展密切相关。新技术的引入可以提高生产效率、降低成本，并创造新的商机和就业机会。技术创新还能够带来新的产业和经济增长点，推动经济的持续发展。例如，互联网技术的兴起催生了电子商务、共享经济等新兴行业，为全球经济注入了新的活力。

技术的进步推动了科学研究的发展，促进了知识的积累与传播。科学与技术相互促进、互相借鉴，形成了良性循环。新的技术需求驱动科学家进行基础研究，而科学的突破则为技术创新提供了更广阔的可能性。科学与技术的不断进步使得人们能够更好地理解自然规律，并将这些知识应用于技术创新中。

技术的发展促进了不同文化之间的交流，加速了文化传承与发展的进程。随着交通和通信技术的发展，人们可以更方便地跨越地域和文化的界限，进行交流与合作。这种跨文化的交流促进了知识、艺术、思想等方面的互相借鉴，推动了文化的繁荣和多样性。

假设将技术进步这一轨道从人类文明发展的道路中剔除，那么人类社会的生产和生活将局限在徒手挖、两腿走、口耳相传等模式组成的狭窄的发展空间内。技术的诞生和进步为人类提供了新的价值和解决问题的能力，因此人类的发展才有了更广阔的可能性和更开阔的空间。技术作为文明的核心推动力是无可争议的。

第三章 | Chapter 3

人类文明的函数和负熵

人类文明经历的过程大致相似。"人类在统治大陆的最初阶段依靠自然之物来维持生存；然后学会耕种，开始培育作物，为的是生活；最后开始寻找、发掘、占领地上和地下资源，建立自己的统治范围，创建自己的城邦与文化。在这个过程中，艺术、思潮与科学应运而生，慢慢延伸和影响到我们每一个人的生活。"[①] 人类在历史上曾长时期处于蒙昧和野蛮的阶段，比如充斥着种族歧视、奴役、战争、暴力等。随着时间的推移和人类智慧的进步，人类开始努力改变，以建立更加公平、公正和美好的社会。

在这漫长的人类社会实践过程中，价值与技术是推动文明发展的两大关键因素。人类文明所经历的过程围绕着用什么样的技术及创造什么程度的价值两个维度展开。

人们对于价值作为人类文明内核的重要性逐渐有了更深刻的认识，尤其是价值共识、价值秩序、价值共同体等方面的研究，丰富了价值作为人类文明内核的理论。这些研究不仅摆脱了唯哲学论、唯技术论等的束缚，更开创了人类文明研究和发展的新路径。

在研究和发展新技术的过程中，除了注重技术创新，我们也要更加重视人类文明内核的价值意义。这意味着技术的发展不能脱离人类价值的基础，需要充分考虑社会伦理和文化因素，为技术的健康和可持续发展提供法律、伦理和道德的保障。只有这样，才能实现技术和价值的协同进步，推动人类文明不断前进和发展。

综上所述，价值和技术作为人类文明不可或缺的两个因素，必须协调统一，只有不断探索价值与技术之间的互动关系，才能为人类文明的可持续发展

---

① 汉默顿，《汉默顿人文启蒙·人类文明》，张君峰译，石油工业出版社，2015年。

提供可行的策略。我们应当围绕技术和价值两个维度，寻求全球发展相对均衡的态势，让每个地区都能实现平衡发展，以期这种平衡状态最终覆盖全球，为人类社会的可持续发展提供稳固的基础和保障。

根据价值是人类文明内核这个重大发现及技术是人类文明推动力的论断，我大胆设计出了**"人类文明函数模型"**，来阐释历史上人类文明价值和技术互动关系的演变。这个模型的提出，可以为人类文明的研究提供一种新的思考角度。

第一节　人类文明函数

人类文明函数描述了人类文明在不同阶段对价值的需求和追求，以及在不同阶段的技术发展水平和创新能力。人类文明函数可以被理解为人类追求美好社会的各种实践，包括但不限于语言、艺术、科学、技术、政治、经济、宗教、哲学等各方面。这些实践相互作用，共同构成了各个阶段人类文明的复杂体系。总体来说，人类文明函数是人类在价值和技术互动的关系中为维持和发展人类社会而进行的各种有目的的行动，推动人类社会不断发展到高级阶段文明的现象。人类文明函数从哲学的高度推演人类时代的变化及文明发展的变化，在这个过程中，价值创造的过程即文明创造的过程。

1. 人类文明函数模型

哲学家和思想家们一直在思考"人为什么活着"，终其一生寻找人活着的价值。卢梭说："一个人生命的价值是由自己决定的，生命是短暂的，但是，我们可以努力创造无限的生命价值，让生命穿越时空，成为永恒。"伟大的哲学思想深刻影响后人，但是思想、精神维度上的价值论并不是全部的价值论。我们应该具有更高的觉悟，价值并不是人类凭空幻想、后天创造且存在于理论上的价值，价值是本身存在的，存在即价值，价值即存在。"价值完全不是从经验的、具体的事物、人、行动中抽象出来的概念，或者说，不是这些事物的抽象的'不独立的'要素，而是独立的现象，对它们的把握可以在最大程度上不依赖于内容的特殊性，以及不依赖于它们的载体的实在存在或观念存在。"[1] 我们需要好好地思考"每个事物，都有自己存在的价值"这句话的真正含义。而文明正是源于人类对每个事物价值的觉醒、认知、塑造及再创造的一系列过程。

考古学和人类学领域的研究表明，人类文明的起点可以追溯到至少数万年前的旧石器时代，当时人类开始制作石器并进行其他简单工作，也开始组成小规模的社群。也有些学者认为，人类文明的起点应该是出现了城市、农村等复杂社会结构和技术的时期，大约始于新石器时代晚期，随后出现了两河文明、印度河文明、黄河文明等早期文明。还有一些学者认为，文明的起点应该追溯到更早的时期，如中石器时代或更早的阶段。在这个时期，人类已经开始运用一些重要的技术并形成了一定的社会结构，如火的使用、语言、社会组织，等等。所谓石器时代，就是代表那个时期的人类学会了打制石器，开始用石头、木头、骨头等自然物质进行工具的制作，并逐渐从自然界中摆脱，开始了自己的文明之旅。从另一方面讲，也可以认为"有智慧的思想"是文明的元点，即尤瓦尔·赫拉利所称的"认知革命"。"认知革命"中的"虚构故事""信息传递"和"理智决策"等行为凝聚着原始人类的价值共识，创造了克服自然界原本限制的生存秩序。这一过程将智人从野蛮带入文明，人类从此与其他动物区别开来。

人类从原始野蛮阶段进入到开化的阶段，再到继续创造各式的"野蛮"，人类文明在曲曲折折中历经数千年。在这漫长的过程中，人类不断用智慧发明技术，用技术改变价值规律，并持续地影响文明体系的发展。

所以，在人类社会发展过程中，技术和价值规律是两个相互作用的变量。技术随着人类智慧而不断涌现，影响着人类对万物存在的价值的发掘、塑造、传递、分配，甚至再创造的过程。对于每一个存在不同价值规律的阶段，都有

---

[1] 舍勒，《伦理学中的形式主义与质料的价值伦理学》，倪梁康译，生活·读书·新知三联书店，2004年。

对应的技术支持它的到来。技术是自变量，价值规律则是随着技术变化而变化的因变量。这个变化不是价值本身的变化，而是人类发现价值过程的变化。价值本身在历史发展中是恒定不变的，是人类文明函数中的常量。人类文明函数模型输入的是人类的智慧和意识，输出的则是人类社会的各种物质和精神成果。

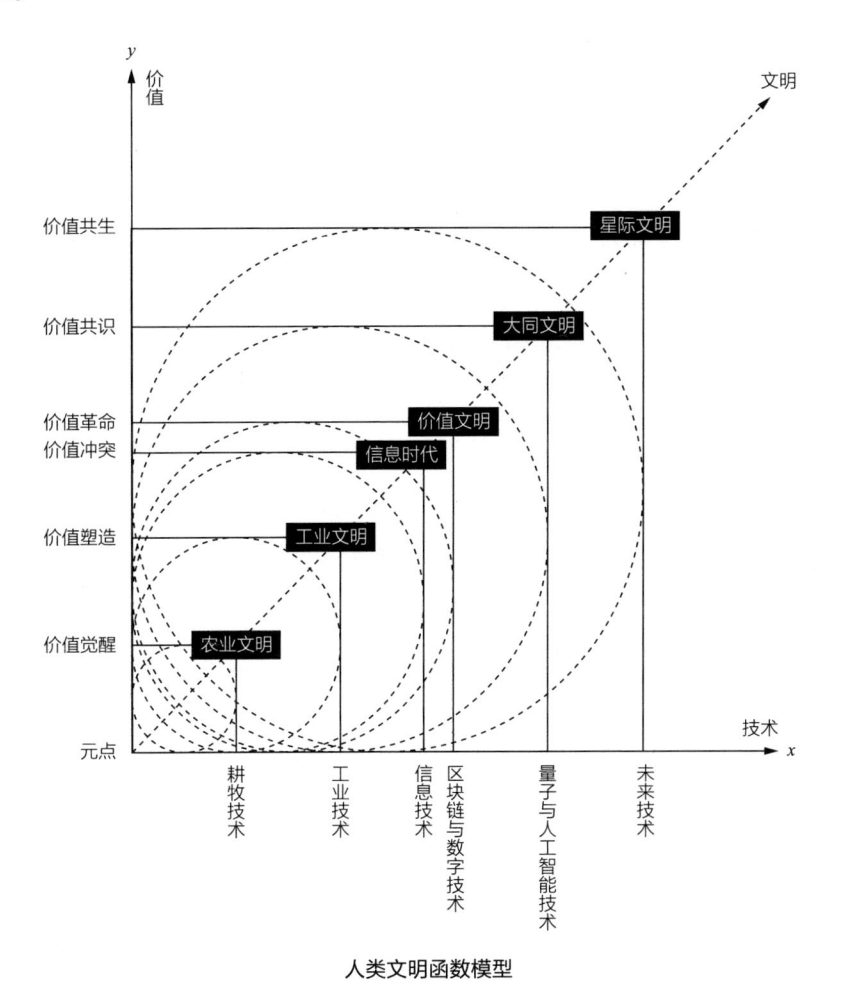

人类文明函数模型

人类文明函数模型阐释了价值是文明的内核，技术是文明的发展路径和趋势。

人类文明的存在和发展都离不开对价值的探索。人们为了生存和发展，不断探求和追寻着各种不同的价值。随着时间的推移和社会的演变，人们对于价值的认识不断深化和丰富。在这些价值中，人们发现了价值本身的存在和意义。价值不仅仅是主观的评价，更是一种客观的存在。价值本身超越了主观的评价，具有客观的意义。

没有对于价值的认知和探究，人类文明也就无从谈起。人类之所以能够走向文明，是因为价值逐渐成了人类行为的指导原则。价值既是人类行为的目标，也是人类行为的原则。这种价值观的内核不仅影响着个体，还影响着整个社会。个体的行为理念，不仅被个人意识所控制，还被社会共识所影响。价值内核主要反映了人类历史的发展方向和趋势，同时也反映了人类文明的深度和广度。它是人类在不同时期对道德、伦理、社会公正和人类尊严等方面的关注的集中体现。

价值作为人类文明内核被发现和应用，确立了价值是人类社会的基石的地位。价值提供了人们追求的目标方向，塑造着人际关系和社会形态。价值不仅仅是理论上的含义，更是社会生产和实践的指导原则。无论政治制度、经济体制、宗教信仰还是文化传承等，都与价值创造和价值观密不可分。价值的发现、应用和传承是人类社会发展的核心，这种对价值内核的认知几乎决定了文明的发展方向。

技术革命是人类文明推动力的体现，技术的发展贯穿了人类历史的各个时期。技术体系在文明中往往代表着人类的力量和秩序，为人类社会的生产和生活提供了无限广阔的前景。技术的发明和使用推动了人类文明物质基础的提升和文化形式的演变。这种影响贯穿了人类历史的各个时期，从农业革命、工业革命、信息革命再到数字革命，技术的力量和秩序在人类活动的各个领域表现出来，为人类创造了新的社会面貌。

价值和技术都不是孤立的，无法自成一统，它们在人类文明中的关系不仅是相互作用、相互促进，更是相互制约、相互反映。价值为技术提供了道德和文化的保障，而技术则为价值提供了更好的实现路径。价值和技术是人类文明发展的两个重要方面。从一个角度来说，科技的发展必须建立在对价值的深刻理解的基础之上，这包括对人类文明发展趋势的深入剖析和思考，以及对传统价值观的挑战和重构。从另一个角度来说，科技的进步无疑对人类文明的发展产生了极大的推动力。技术的进步为价值提供了更好的实现路径。例如，在医学领域，医学伦理和道德价值为医疗技术的研发提供了法律、伦理和道德的保障，而医疗技术的不断发展和创新也为实现人类的健康价值提供了更好的途径。换言之，医学伦理和道德价值与医疗技术的发展紧密相连，它们之间的协调关系是保证医学发展方向正确、为人类健康保驾护航的关键。

价值与技术革命的相互关系，不仅是对文化内涵的深度解读，也是对人类文明发展思路的优化和升级。**以价值作为核心动力源，技术作为自变量不断与因变量价值规律相互作用、映射，创造出每个阶段的文明函数值。**每次技术驱动的变革带来新的文明更替，这是价值规律的递进，也是人类对价值认知的层层深入。人类文明函数首次以价值为内核，以技术为驱动力这两大核心维度阐释了人类文明发展的历史规律，反映了人类社会每个发展阶段的特定功能和特点，也对人类社会的未来发展具有重要的指引作用。

2. 自变量：技术

影响人类文明的因素可归为人为因素和自然因素两大类。人为因素包括了人类自身的选择和努力，技术的发明和使用就是人为因素之一。自然资源、生态环境能够为人类社会经济和生活提供多少资源，煤炭、石油等不可再生资源还能持续供应多久，风能、光能等新能源在不可再生资源用尽后能在多大程度上满足人类的需求，以及生态环境的修复速度能否跟上人类对它的破坏速度等，这些都属于自然因素。而技术能够同时影响人为因素和自然因素发挥作用的程度。技术的变化，对整个文明的形态和发展轨迹都有着关键影响。技术作为人类文明的自变量，是由研究者和发明者通过努力自发性地创造出来的。

价值表达了文明的核心和本质。人类所建立的文明以价值为基础。人类通过技术的发明、运用、更新，将自然原本蕴藏的和人为创造的两个维度的价值进行不同程度的激发，以服务于人类，在不同阶段形成了具有差异化的价值规律。在此过程中，价值规律随着技术的变化而变化，或者说价值规律变化的量中包含了技术变化的量。

技术是解决问题的方法，是人类利用现有事物形成新事物，或改变现有事物功能、性能的方法。人类为了满足自身的需求，遵循自然规律又超越自然规律，在长期利用和改造自然的过程中，积累了知识、经验，形成了综合性的技术体系。技术是人类发现价值、利用价值、创造价值的核心手段，是一种在人类和自然之外的第三种介质。技术本身不是自然界中自然存在的东西，而是由人类创造的，因此不属于自然界。但是，技术的存在和发展又受到自然环境的影响和制约，因此也不完全属于人类。技术可以被看作人类对自然资源和知识的运用，是人类为了利用自然而创造出来的，是通过人类的思维和行动创造的，以实现特定的目标和满足特定的需求。技术可以改善人类在自然环境中的生存条件，激发更多的价值，从而改变生活方式、经济结构和文化形态等各个方面。

在原始时代人类对自然价值的利用是通过徒手取、挖、抓的方式进行的，几乎不存在技术的应用。然而，自人类开始学会使用火、种植和驯养等原始技术，通过技术手段发现价值、利用价值和创造价值的过程便永无止境。工业科技带来的世界性革命、核能源的毁灭性能量、互联网科技的狂飙突进及数字技术的无缝渗透等，科技以越发汹涌之势影响人类社会的走向。人类发明技术、利用技术并控制技术，技术也影响了人类文明的轨迹与进程。

人类文明进程中有几个标志性技术发明，这些标志性技术发明足以证明技术对人类社会的基础性作用。

一是时钟。有了时钟，时间的划分越来越精确，时间也越来越成为人们行动和思考的参考。在时钟被发明出来之前，人们只能根据太阳的位置来判断时间，但由于不同地区太阳的位置不同，人们对时间的判断也存在差异，并且在天气不好或夜晚等情况下无法判断时间。时间管理和实践记录等困难阻碍了时钟的发展。最早的时钟出现在约公元前3500年的古埃及，用来记录太阳的位置和时间的变化。最早的机械式时钟可以追溯到公元8世纪左右的中国唐代，由于其具备可靠性和精确性，其应用逐渐扩大到了商业、工业和航海等领域。时钟的应用使得人类能够更加有效地管理时间和工作，促成了更多的商业行为。尤其是在工业革命时期，工厂和矿山的作业依靠标准化时间，确保工人们在特定的时间内开始和结束工作,实现效率最优。另外,将世界连接在一起的,除了铁路、航道、公路等交通通道,也离不开标准化时间在时空上的协调与对接。时钟帮助船只和火车精确地计算行驶时间,计划出发地、目的地的交接,提高了交通运输的效率,促进了国际贸易的发展,从而推进了全球化。尤其是在今天快节奏的生活和生产方式下,如果没有时钟,整个社会将陷入崩溃,无法运转。每一项技术的影响都是双面的,时钟也不例外。时钟在固定时刻滴滴答答敲响让工业生产更为高效,也成为禁锢工人的"时间监狱"。工厂则是"空间监狱",工人始终被禁锢在时间和空间交叉的"时空监狱"里。时钟的出现导致人们在一定程度上陷入了被时间禁锢的怪圈中。

二是工业革命的开端——蒸汽机。时钟从时间轨迹规范了社会秩序,蒸汽机则从空间维度对人类社会的工业产业、交通方式、消费品类产生了巨大的影响,促进了人类文明基于自然资源的生产。蒸汽机的发明改变了能源的结构。以前人类依赖对风、水等天然能源的低效率利用,蒸汽机的发明催生了煤炭、石油等化石能源的开采和应用,让人类练就了更快速、更深度汲取天然能源的本领,这是人类能源结构变化的一个标志性事件。20世纪初的石油,包括目前人们追求的低碳能源和可再生能源,围绕以蒸汽技术为核心的技术应用把自然力量转化为动力能源,人类创造价值活动的本质仍然是依靠创造力和创新力在能源方面的探索和应用。

三是语言。语言在一定程度上也可以算作一种技术,因为它是人类利用自身充满天赋的思维去"讲故事"的能力,通过规则和约定的方式进行信息传递和沟通。语言还是人类所有技术和智慧的根基,没有语言,就没有交流和共识,任何价值都无从表现,人类的思想世界也不会同其他通过"咿咿呀呀"就能够交流的其他动物有任何区别。语言是文明的DNA,是文明形成和传承的核心。由不同语言组成的文化、思想、智慧是人类文明遗留的宝贵财富。没有语言的交流和传播,就没有人类文明。

这三项标志性技术的发明,自出现以来,一直在不断地发展和演变。时钟记录着人类文明经历的时间,蒸汽机为人类社会提供源源不断的动能,语言传递着人类文明中的各种信息。大部分技术自被发明以来,便不会停止为人类社会服务的进程。正如布莱恩·阿瑟所说:"技术是高度可重构的,它们是流动的东西,永远不会静止,永远不会完结,永远不会完美。"①

可以说技术的本质是捕获自然资源并加以利用,衍生创造人类文明的价值。技术创造的价值不仅在于它本身的创新和应用,更在于它与人类社会系统的紧密融合。这种融合带来越来越多的社会效益和发展潜力,是促进人类文明发展的必要途径。"技术决定论"②认为技术是自主的,技术变迁导致社会变迁。"社会建构论"③认为内在的技术逻辑的发展,是社会的产物,某种技术选择是不同社会利益和价值取向作用的结果。总而言之,技术产生的价值推动社会的发展和变迁,而优越的社会环境也能够促进技术的发明与创新。

科学技术在马克思主义理论中被认为是第一生产力,即为物质生产力的表现。这种生产力是指人们通过技术手段激发自然对象能够产生的价值,是人与自然关系的价值化表现。自然为人类提供了基础资源和生产资源,基础资源是维持人类生存的基础,如土壤、水、空气、食物等;生产资源则是用于生产、创造商品或提供服务的资源,如耕地、林地、草地、荒漠、石油、天然气、煤炭等不可再生能源和太阳能、风能、水能等可再生能源,铁、铜、锌、铅、锡、钨等各种金属矿产资源,以及非金属矿产资源等。在用技术处理这些自然资源价值的过程中,人类形成了从经济、政治、文化、生态等角度构成的人与自然复杂的价值关系。

人与自然的经济价值关系体现为自然资源、自然环境和生态系统对人类经济活动的贡献和影响,人类生产对自然资源的利用和管理,以及对自然生态产生的影响。具体而言,人类的经济活动主要集中在农业、工业和服务业三大产业,这些产业的发展都建立在自然资源的基础上。其一,农业作为人类的第一产业,需要利用阳光、土壤、水源、适宜的气候等自然因素才能促进农产品的

---

① 布莱恩·阿瑟,《技术的本质》,曹东溟、王健译,浙江人民出版社,2014年。
② 技术决定论最早由托斯丹·凡伯伦(Thorstein Veblen)于 1929 年在其著作 *The Engineers and the Price System* 中提出,它是技术发展理论中最具影响力的一个流派。
③ 社会建构论是现代西方心理学中一种新的思想潮流,提出者是杜克海姆、马克斯·韦伯、米德等。它反对经验实证主义在解释心理现象时所持有的反映论观点,认为心理活动现象是社会建构的产物,主张知识是建构的,是处于特定文化历史中的人们互动和协商的结果。

生长，其中畜牧业也需要大量的草地、水源、天然饲料等。不管人类的技术如何发展，终究无法完全脱离自然环境而发明一种全然非自然的作物或食物。在现在的社会中，人们追求口味丰富、营养含量高的各类美食，并强调这些美食是自主研发的。然而，这样的食物让人们逐渐忘记了食物原本的样子。在部分城市人的印象中，韭菜和小麦长得一样，餐桌上的食物在经过了加工和包装之后，更像工业化的产品，以至于让人们误认为食物是工业生产的结果，而不是自然的产物。其二，如果没有自然亿万年积累的石油、煤炭等产物和水力、风力、地热等动力能源，工业是不可能存在的。第三产业是20世纪50年代左右为服务第二产业的快速发展而逐渐繁荣起来的，包括金融、交通、旅游、医疗、教育、文化等服务类的新兴经济模式，现在已经成为许多国家经济发展的主要支柱之一。三大产业之间是相互依存、相互支撑的关系。一方面，第一产业提供了第二、第三产业所需的原材料等资源，为第二、第三产业的生产和发展提供了基础；另一方面，第二、第三产业的发展也带动了第一产业的升级和改造，推动了农业现代化。因此，无论技术如何强大，人类经济社会的三大产业是无法脱离自然资源这一核心轨道的。

　　同样，在马克思主义理论体系中，生产力被认为是人类社会存在和发展的基础，是推动社会前进的决定力量，而决定生产效率的第一因素则是技术。技术不仅是社会物质资料的生产方式，更是人类构造社会生活方式和世界样貌的手段。技术、人、社会三者之间的关系是不可切断去讨论的。例如，农耕技术的发明催生了农民阶级，工业技术的发展催生了工人阶级。而统治阶级是在农民阶级和工人阶级的基础上出现的。实际上，统治阶级管理的是各个阶级中为社会源源不断提供贡献的具有价值的技术。对其中的内涵追踪溯源，仍是技术捕获的自然资源中的价值产生的作用。技术始终是对风力、水力、太阳能等自然力量的释放，然后被转化为人类社会繁荣所需的不竭动力。根据刘易斯·芒福德的划分，技术历史可分为始生代技术时期、古生代技术时期及新生代技术时期。"始生代技术时期是'水能—木材'体系，古生代技术时期是'煤炭—

钢铁'体系，而新生代技术时期是'电力—合金'体系。"[1] 每个阶段都给社会留下了印记，都在改变自然环境、地理面貌及城市布局，都会出现一些新的资源，激发新的价值，产生更丰富的活动，从而改变人类社会的秩序。而如今，人类进入了三个阶段技术的大融合阶段，这些技术的大融合促使思维、艺术、政治、经济、生活等各个维度史无前例地广泛交叉与深度结合，特别是以数字技术、人工智能、生物科技等为基础产生的系统集成创新，以前所未有的力量驱动着社会层面的变革，塑造了我们现在的社会文明。

技术与社会的融合始于人类文明的出现。在原始时期，技术的发展主要与人类的基本需求有关。**以农耕工具作为社会生产力的代表为主要标志，人类社会从存在了数百万年的原始社会进入农耕社会。以蒸汽动能作为社会生产力的代表为主要标志，人类社会从持续了数千年的农耕社会进入工业社会。**每一次发展，技术对社会经济、秩序、生活方式等方面的影响都越来越深刻。从资本主义萌芽时期开始，劳动关系以雇主和雇员为主导，社会阶层分化为资产阶级和无产阶级，财富逐渐聚集在资产阶级手中。

从历史的角度来看，社会秩序不再由神职或宗教赋予的具有传奇色彩的理念主导，而是由技术推动的经济发展情况决定。从 18 世纪 60 年代的工业革命开始，世界经历了大约 160 年的工业变革，搭上这趟变革列车的国家在新的世界格局中扮演着重要的角色。当今世界工业化程度高的国家，很多是发达国家，这些国家经济发展水平较高，技术较为先进，生活水平较为优越，人均生产总值也位于前列。如果在工业变革这条路上继续走下去，世界格局大概率能够如发达国家，尤其是西方国家所愿。但后来伴随着互联网的诞生和数字技术的盛行，世界格局又将出现未知的形态，国家、地区之间又将在新的世界格局下进行关于政治、经济、伦理的博弈。当前全球冲突的根源不再仅仅是贸易或军事，而是技术，这是由经济范式转型过渡带来的矛盾。如今，影响世界格局的是由技术、经济、政治共同组成的范式力量，这是关乎国家、地区的大方向命题，更是与每个人的工作、生活息息相关的小命题。社会是人类社会，个体

---

[1] 刘易斯·芒福德，《技术与文明》，陈允明、王克仁、李华山译，中国建筑工业出版社，2009 年。

是人类社会的基本元素，无数个体汇聚的力量才能塑造社会的力量。

在疫情暴发的这几年里，技术与社会的深度融合尤为显著。疫情冲击着社会的方方面面，如果没有数字技术支撑社会运行，现代快节奏的社会将难以承受疫情带来的灾难。以中国为例，数字技术作为优势技术，为中国提供了有力支持。例如，在线教学、精准跟踪行程轨迹的行程码、在线国际会议、线上办公、在线买菜、直播销货，等等，数字技术已经融入我们的生活、工作。

我们生活在一个由技术驱动的世界里，我们渴望技术能带来繁荣，使我们的生活变得更好。因此，我们总是孜孜不倦地学习、掌握各种新的技术、新的发明，这样才能跟上社会的脚步。古时候医者诊脉，凭借的是经验和学识，而现在看医，则依靠各类医疗器械。医生在电脑系统里开几个检查的单子，通过医疗器械对身体进行诊断，通过大数据技术判断该吃什么药，从而照着开药。如此看来，门诊医生也并非没有被数字诊断代替的可能。心脏支架、骨折后打的钢板、义眼、换心脏、换肾、植皮、植发……各种医疗技术延长了生命的长度，提高了生命的质量。在精神方面，我们获取精神食粮的途径不再仅仅是冥想或面对面交流，而是网络（这可能就是为什么当代出不了伟大的哲学家的原因）。网络几乎囊括了所有知识，游戏更是数不胜数，很多人一天 24 小时中有 10 个小时甚至更多时间扑在网络上。在生活方面，很多家庭中数量最多的便是带有各种用途的智能家电了。现代人从头到脚、从里到外、从胃到脑袋，每个部分都逃脱不了技术的支配。所以，现代社会中诞生了新的哲学问题：究竟是我们控制着技术，还是技术控制着我们？技术哲学的奠基人之一马丁·海德格尔曾警醒过人类，塑造技术的不是我们，而是技术塑造了我们。技术并不仅仅是人们使用的工具，而是一种更深层次的存在方式。技术激发了自然物的价值，将人和自然物的关系变得更为紧密，甚至将人与自然物融为一体。技术具有一种"将所有事物都看作资源"的本质，这个资源化的过程将事物转化为可被支配、可被利用的状态，使得人们可以将其纳入生产和经济活动中。在这个过程中，人们将事物从其本来的存在方式中剥离出来，试图创造更大的价值。这种本质导致了现代技术的无限扩张和愈发危险。

按照这个思路继续探讨，假设人类整体的技术是有思想的，那么技术的目标可能不仅仅是控制人类,而是扩展到控制万物,包括自然界中一切有生命的和没有生命的物体,最终实现与万物融合的目标。

在这种情况下,人类试图利用技术手段将自然环境的共生规则转化为自己所需要的规则。智人驯化了农作物,获取生存基础,利用养殖技术将原本与人类平等共存的动物作为食物。随着一个个世纪的沉淀,技术在生物体上的作用已然成为一门重要的学科——生物技术。生物技术源于人们开始使用人工选育的方式改良植物和动物,以获得更高的农业产量和更好的养殖品质。经过不断探索,现代生物技术开始研究基因和细胞的结构与功能,探索如何利用这些知识来改变生物体的特性,在农业领域运用生物技术培育自然中原本不存在的新品种。例如,袁隆平的杂交水稻解决了数亿人粮食短缺的问题,解决了自然留给人类几千年的历史问题。新药物研制也为各类疾病的患者创造了更多康复或延长生命的机会。技术与生物更紧密地融合,还表现为克隆技术的发明。碍于伦理道德的谴责,大部分人觉得克隆生物不该被制造出来。但不争的事实是,克隆宠物已经成为现实,近年来,只要花费几十万元便可以克隆心爱的宠物,这已经不是什么新闻了。技术在一点一点地征服自然,在为人类生活提供保障的同时,也加快了人类消耗自然的速度,增加了人类失去自然的可能性。幸运的是,人类在制造麻烦的同时,也在努力寻求解决方案。

技术本身的存在是没有实质性意义的,它只有在与社会、自然等的交叉融合中才能够展现对人类文明的意义。融合程度越深,技术对社会的影响就越大。技术与生物融合的趋势是伴随着漫长的人类历史而发展的,并引导着人类一步步迈入不可知的甚至不可控的未来。正如海德格尔认为,技术并非单纯的工具或手段,而是一种"将真理揭示为可支配性的行动"。这种行动的背后,是人类试图掌控世界和自身命运的目标。所谓真理的本质,就是通过逻辑、实证和推理等方式来发现和证明事物的价值。

在 20 世纪下半叶,人类进入了技术指数增长的拐点。伟大的信息理论学家冯·诺依曼指出,技术正以其前所未有的速度增长……我们将朝着某种类似奇点的方向发展。一旦超越了这个奇点,我们现在熟知的人类社会将变得大不相同。① 他认为，这个奇点具有一种可以撕裂人类历史结构的能力。针对冯·诺依曼提到的"速度增长"这一概念，雷·库兹韦尔论述了呈指数级增长的人类发展。他在《奇点临近》一书中指出，20 世纪所取得的成就，等同于以 2000 年的速度发展 20 年所取得的成就，也将等同于未来 14 年的发展取得的成就（到 2014 年），以此类推，这 14 年取得的成就将等同于其后 7 年所取得的成就；我们将见证两万年的发展进步，或者说，我们将见证 1000 倍于 20 世纪的发展成就。②

根据赵国栋等所著的《元宇宙》③一书中的人类科技发展史全图，自 320 万年前的"人类祖母"南方古猿露西出现至今，各个时期的人类科技发展时间及成果如下表所示。

	时期	历经时长	重要科技发明数量（个）
远古科技	320 万年前—公元前 3000 年	320 万年	24
古代科技	公元前 3000 年—公元 1500 年	4500 年	107
近代科技	公元 1500 年—公元 1970 年	470 年	288
现代科技	公元 1970 年—公元 2020 年	50 年	70

在占据人类历史 0.016% 的最近 520 年时间里，人类创造了历史上 73% 的重要科技发明。如果把整个人类历史——从 20 万年前智人出现到现在——看作一张一米长的图表，那么我们所使用的大多数工具与技术都应绘制在最后一毫米内。④

雷·库兹韦尔提出了奇点的结论：在 2045 年左右，世界上会出现一个奇异点。这件事必然是人类在某项重要科技上，突然有了爆炸性突破。而这项科技将完全颠覆现有的人类社会。它并非手机这种小的奇异点，而是和人类诞生对等的超大奇异点，甚至大到可以改变整个地球所有生命的运作方式。⑤

21 世纪，人类社会正在向着这样的奇点迈进。在这个时代，技术被赋予

---

① 冯·诺依曼，《计算机与人脑》，王文浩译，商务印书馆，2022 年。
② 雷·库兹韦尔，《奇点临近》，李庆诚、董振华、田源译，机械工业出版社，2022 年。
③ 赵国栋、易欢欢、徐远重，《元宇宙》，中译出版社，2021 年。
④ 金相允，《元宇宙时代》，刘翀译，中信出版集团，2022 年。
⑤ 雷·库兹韦尔，《奇点临近》，李庆诚、董振华、田源译，机械工业出版社，2022 年。

了全新的定义。在工业革命推动的现代社会中，技术在人类生产活动中是不可或缺的。然而，从来没有一个世纪像21世纪这般，技术的重要性与空气不相上下。如今我们对大部分事情的决策及实现方式的考量，都以技术为第一参考因素，并且最终通过技术手段达成目标。比如，就餐时间叫外卖，出行前线上约车，工作沟通依靠远程会议，甚至连娱乐项目，如麻将，也依靠自动化节省了时间……人类活动的每一个具体事项，都有技术的影子。

2022年，"互联网"似乎已经成了一个略显古老的词语，而它从诞生到今天明明只有短短50多年时间而已，在历史的长河中，50年只是沧海一粟。但这50年里，技术塑造了太多的传奇，与记载在史书上的典故不同的是，这些传奇与当今地球上80亿人息息相关，并且在以惊人的速度继续深刻影响更多的人。再过10年，在人们的认知里，互联网可能就像蒸汽机一样具有年代感了，新的概念和技术将占据人们的思维空间，例如，数字孪生、第二人生、数字人类、元宇宙，等等。但人们永远不会忘记互联网，就像人们不会忘记蒸汽机一样。

互联网的诞生可以追溯到20世纪60年代末期的美国，当时美国国防部高级研究计划署（ARPA）在防御领域内的研究中，提出了一个新的概念：分组交换（Packet Switching）网络。这种网络不同于传统的电路交换网络，它能够将数据分成小块（Packet），通过网络传输后再重新组合成原始数据，从而实现更高效的数据传输。在此基础上，ARPA在1969年创建了世界上第一个分组交换网络——阿帕网（ARPANET），该网络最初连接了几个大学和研究机构。随着时间的推移，阿帕网逐渐扩大规模，并成为互联网的雏形。1971年，雷·汤姆林森（Ray Tomlinson）在阿帕网上发送了一封电子邮件，这被认为是电子邮件的起源。不久之后，希瓦·阿亚杜拉（Shiva Ayyadurai）创建了第一个电子邮件系统"EMAIL"，为网络通信的进一步发展奠定了基础。在此期间，罗伯特·卡恩（Robert Kahn）和文顿·瑟夫（Vint Cerf）共同开发了TCP/IP协议。1983年，互联网开始使用TCP/IP协议，使得不同的网络能够互相通信，从而让互联网的覆盖范围进一步扩大。1989年，计算机科学家蒂姆·伯纳斯·李（Tim Berners-Lee）发明了万维网（World Wide

Web），并于 1991 年正式对外公布。自此，互联网开始进入大众视野，渐渐成为人类社会中最为重要的信息技术和通信工具。

第一代阿帕网和第二代万维网是静态的网络，主要作为信息传递的媒介，与传统媒体类似，内容主要由少数权威机构和个人创造，与电子化的报纸没有本质区别，仅作为媒介的方式存在。第三代互联网时代也称社交网络时代，用户开始成为内容的创造者和分享者，打破了权威机构单向输出内容的模式。各种各样的论坛和社交网络开始涌现，如维基百科、百度贴吧、豆瓣、腾讯QQ，等等。2007 年 1 月 9 日，乔布斯推出了苹果手机，同年 11 月 5 日，谷歌开发的安卓智能操作系统免费发布。智能手机逐渐普及，移动互联网势如破竹，闯进人们生活的每一个角落，人们进入了第四代移动互联网时代。移动应用程序和社交媒体成为主要的互联网应用，UGC 生态彻底打破了传统的媒介生态，每个人都可以成为内容的创造者和传播者。正在发展中的第五代互联网时代，也被称为智能互联时代，得益于物联网、人工智能、大数据和区块链等新技术的应用。全球各地互联网高度互联互通，人与人之间的距离每天都在消弭。我们可以以几乎免费的方式，进行实时社交、表达和交易。这是互联网带来的翻天覆地的变化，但这仅仅是个开头而已，更大的可能性是关乎社会秩序结构的变革。

数字技术是随着计算机发展而兴起的科学技术，指利用各种设备将图像、文字、声音、视频等信息转化为计算机可识别的二进制数字"0"和"1"，并进行运算、加工、存储、传输、还原的技术。数字技术是现代科技发展的重要组成部分，包括数字孪生、区块链、物联网、人工智能、云计算、大数据、5G 等。

技术存在的形式是多样的，不仅仅作为一种工具存在，还包括知识、文化、权力等多个方面。技术的存在是自然语言逻辑和数字语言逻辑的结合。自然语言逻辑可以是模糊的、暧昧的和多义的，而数字语言逻辑是精确的、清晰的和单义的。数字技术的出现让一切技术能够建立在数字语言逻辑中。在人类的交互方式上，自然语言逻辑逐渐向数字语言逻辑转变。人类的交互方式正在向更加高效、更多样化的 3D 交互转变。3D 视觉交互系统则取决于虚拟现实

（VR）、增强现实（AR）和混合现实（MR）的发展，这三项技术统称为"扩展现实"（XR）。VR利用头戴设备模拟真实世界的3D互动环境，AR则通过电子设备（如手机、平板电脑、眼镜、手表等）将各种信息和影像叠加到现实世界中，XR介于VR和AR之间，它在虚拟世界、现实世界和用户之间，构建实时交互的复杂环境。XR其实是在努力地创造另一个"现实世界"，映射现实并实现与之交互的功能。

数字孪生是将现实世界中的实体对象映射到虚拟空间中，也是将对现实世界进行定义的自然语言转换为数字语言的模式。数字孪生充分利用物理模型、传感器更新、运行历史等数据，集成多学科、多物理量、多尺度、多概率的仿真过程，在虚拟空间中完成映射，反映相对应实体装备的全生命周期。注意，数字孪生是对物理世界的映射，但大多数人没有抓住数字孪生的重点。从"孪生"两个字可以看出，数字孪生最重要的特点在于，实现了以数字化模型反馈物理世界的方式。人们试图将物理世界发生的一切复制到数字空间中，并将数字空间中实时捕捉到的物理实体的运行状态数据通过积累、分析和算法反作用于物理世界，从而对物理实体的后续运行提供更加精确的决策。比如在越来越拥挤的城市道路上，交通堵塞如何解决？交通堵塞是由于A车影响了B车，B车挡住了C车的路，如果数字孪生能够把所有相关车辆的移动状况、彼此互动情况都对应起来，就能通过数据找出交通堵塞的原因并解决问题。这就是数据表现出来的资源（交通中需要分配的资源是时间和空间）价值的最大化利用。美国航空航天局（National Aeronautics and Space Administration，NASA）在阿波罗项目中最先使用数字孪生的概念。NASA使用数字孪生对飞行中的空间飞行器进行仿真分析，监测和预测空间飞行器的飞行状态，辅助地面控制人员做出正确的决策。数字孪生是具有生命力的，这种生命力通过数据来体现，促进物理世界的实体更好、更高效地发展。数字孪生中的数据之所以能够体现物理世界的生命力，在于数字空间中的数据被有效地利用起来。数字孪生并非虚无缥缈的"镜花水月"，而是可以做到对物理世界中每个实体的全生命周期追踪溯源。

还有对NFT的认识，我们也应该要有新的思维角度。NFT是伴随着区块链应用范围的扩大而发展的，是将所有权从自然语言逻辑转换为数字语言逻辑的表现。NFT 代表"非同质化代币"（Non-Fungible Token），是一种数字资产，与加密货币不同。每个 NFT 都具有独特的元数据，包括数字签名和时间戳等，这些元数据使其成为独一无二的数字资产。NFT 在艺术、音乐、游戏和虚拟房地产等领域得到了广泛的应用，因为它为数字内容的所有权提供证明，并允许创作者以独特的方式从其创作中获利。NFT 的价值是使内容数字化和资产化，数字化和资产化带来的数字所有权将是人类所有权的新表现形式。NFT 为所有权提供了更加清晰、透明、安全的证明方式，相较于自然语言逻辑更具有说服力。

这些技术的集成带来了许多颠覆性变革，这场变革也源于数字技术的融合产生的巨大能量。5G 网络实现数据高速、稳定、低延时传输；物联网跨越物理空间和数字空间数据交互的鸿沟；数字孪生映射全生命周期；XR 改变人们与数字世界交互的方式，实现虚实共生；人工智能是智慧大脑，推动生产力发展；区块链创造数据信任；NFT 改变所有权形式……北京轨道交通开启全网数字人民币支付渠道刷闸乘车；大街小巷中的商场、商店乃至摊贩都支持使用支付宝、微信支付，无现金支付在一二线城市被广泛应用；智能工厂、快递机器人、智能家居正在加速影响社会生产和生活；基因编程、基因工程等融合了数字技术的生物工程，正在颠覆生命科学……万物皆源于计算，万物皆融于数字，万物价值都将通过 0 和 1 两个简单的数字纯粹地表达出来……

除了这些广为人知的现代数字技术，我坚信，未来将会出现更多不可思议的数字技术，加速人类这场伟大的技术变革。数字技术必将应用于各个领域，将社会、自然、地球中人类渴求的知识、定律准确地绘制出来，并应用到社会运行的各个环节。我们应该认识到，数字技术倾向于将人类历史上所有的发明成果集中在一起，各种技术的单打独斗远不及它们共存的影响大，尤其是当数字技术与其他技术相互作用时，产生的效果将超出人们的预期。

人类文明进化过程中的价值是多维度的、立体的，如经济维度、哲学维度、政治维度等。在这些维度的进化基础上，互联网、区块链、元宇宙等新兴技术渐渐发挥更大作用，有价值数据的流通，使得人类社会更加文明，人类文明前进的脚步也因此加速，价值文明已经在路上。

3. 因变量：价值规律

在人类文明函数模型中，横向的自变量——技术，是自主演变的；纵向的因变量——价值，是被技术影响的。技术发展的程度几乎决定了人类文明中价值能量的等级。

价值规律是人类社会生产和交换活动中不同事物之间的价值关系及其演变的规律。这种价值关系不是自然界赋予的，而是人类通过一定的历史演变过程建立起来的。这种规律不仅表现在经济范畴中，也表现在劳动关系、技术关系、文化传承、社会交际等多维度的关系过程中。

人类文明能够延续几千年，主要得益于人类会利用各种资源的价值。一切事物都遵循着一定的价值规律，这种规律随着人类智慧的提升、技术的进步而变化，是文明进程中的因变量。这里的价值规律不仅仅是《资本论》中所讲的经济规律，而是涉及文明进程全方位的规律。价值是维持和推动人类社会生存与发展的根本动力源，价值规律则体现了价值存在被激发、被使用、被创造的整个过程。

技术和价值这两个变量同时从元点出发，元点的价值还被深深埋藏在自然中而不属于人类文明范畴。价值觉醒要归功于农耕时期的耕牧技术，也就是人类文明中的第一次技术突破。原始耕作者那些少有人知、无人记录的发现，以及对自然的原始改造，在不知不觉中为世界资源做出了巨大的贡献。

我们知道，原始人类生活在采集野生植物和狩猎野生动物的环境中，在采猎过程中，他们可能会注意到一些野生植物的种子，就会尝试食用这些种子，更聪明的原始人类则尝试收集和保存这些可食用的种子，进行选择性种植，并逐渐改良种植技术，以获得稳定的食物来源。比如，小麦的种植是人类文明史上最早的价值觉醒行为之一。根据考古学论证，小麦的栽培始于约 1 万年前的新石器时代早期，地点位于中东地区的美索不达米亚（今伊拉克）和周边地区。野生的小麦是一种叫作"一粒小麦"的物种，原始人类收集这种野生小麦的种子，然后将其种植在固定的土地上，观察野外的环境，尝试对种子进行模拟灌溉和养护，以获得小麦。随着模拟技术的进步和成熟，早期的小麦种植逐渐演变为对其他小麦品种进行改良。这些品种在经过长时间选择和人工驯化后，逐渐形成了现代小麦的基础。从小麦的驯化种植开始，原始人类通过观察自然界植物、试验食物、传承经验，逐渐发现了越来越多的种子的食用价值。他们还发现了玉米、马铃薯、西红柿、辣椒、花生等其他可食用的植物，并研究树皮等植物是否具有治疗疟疾的特性。这些发现为他们的生存和社群发展提供了帮助，解决了一些地区迫在眉睫的食物短缺问题，为后来的人口增长提供了所需的能量。价值觉醒用一句话概括就是，原始人类对自然价值的最初发现和对价值规律的最初探索。从价值觉醒开始，人类开始具备选择的能力，与其他动物的本能生存本领区别开来，人类利用智慧和技术策划了一出从未停止的文明戏剧——征服自然。

在这场戏剧的开端，人类就逐渐脱离了野蛮的生存方式，开创了原始文明的故事。在文明故事的序幕中，文明的核心价值是满足人类的生存需求。在此基础之上，生产力得到提升，人口得以增加，城邦开始出现，而城邦的存在必然要与各种各样的制度、秩序、法则共栖，文明渐渐丰富起来。明代宋应星的著作《天工开物》首篇《乃粒》中有一句话——"生人不能久生，而五谷生之；五谷不能自生，而生人生之"，表达了农耕的巨大价值。可耕作的植物是自然馈赠给人类的一份宝贵礼物，农耕文明是人类自身选择的美好结果。

农耕文明的价值规律是发现自然价值和劳动创造价值。农耕社会的价值关系主要围绕自然、土地和交换展开。价值关系所表现的价值规律相对简单，就是简单的劳动创造价值、土地作为生产资料、农业生产的季节性经验和技术性选择等，这些规律是农耕社会的基础规律。发现价值是指人们意识到了自然资源的价值，如发现种子的价值。劳动创造价值是人们用智慧在探索种植、养殖、建造、灌溉的技术中所获得的价值。比如，人们开始观察和记录天气、气候和季节的变化，寻找农作物的生长规律，以便更充分地利用自然价值。随着规模化种植的形成，农业得以发展，并形成了稳定的农耕社会结构。在农耕社会中，饱腹是人类的基本生存需求。劳动创造价值包括创造足够的生存价值及创造剩余产品。土地的肥沃程度、地理位置、所处地区的人口密度等都影响了当地的发展程度，也影响了当地人类能否生产超过基本生存需要的剩余产品。历史学家指出，相较于满足基本生存需求的生存价值，剩余产品对人类文明的意义更大。剩余产品是通过劳动创造出的超过满足自身生存需求的部分，可以用于交换、积累，进而促进剩余产品的再流通。剩余产品的利用和流通，催生了专门的职业，如工匠、商人等，形成了复杂的社会结构，进而促进了城邦的出现。剩余产品的产生是城邦形成的物质基础，城邦中的工匠、商人等需要依赖农民提供的剩余产品。

工业社会的价值关系是劳动关系和生产关系，价值规律以马克思主义提出的商品价值规律为核心。劳动被视为一种可供交换的商品，劳动者通过出售自己的劳动力获取工资。工业社会中的生产组织和资源配置方式形成了生产关系，包括所有制形式、生产手段的控制权和生产过程中的协作关系。生产关系决定了资源的分配、生产力的发展和社会阶级的形成。

商品价值规律表现为商品价格在市场中由供需关系决定，并且商品的价值取决于劳动时间的投入。商品价值规律是人类社会生产活动中塑造的价值规律。马克思主义认为，这种价值规律对资本主义社会具有决定性作用，它深刻影响着劳动者和资本家之间的利益关系，也影响着社会财富的分配和社会阶级的划分。这种价值塑造几乎决定了社会形态的发展方向。

从人类历史活动及其演变状态来看（包括对人类未来活动的预测），价值演变的规律可以大致分为四个阶段，从人类起源到智人和农耕时代的价值觉醒阶段、工业时期的价值塑造阶段、信息和数字时代的价值革命阶段，以及价值革命后期的价值共生阶段。价值冲突是一直存在的，其产生于不同阶级、不同群体意识对利益的不同追求，由此也造成了部落之间、国家之间源源不断的矛盾。同时，价值规律在每个阶段都存在具有代表性的价值资源，如智人和农耕时代的自然物质，如土地、自然作物和猎物，工业时期的能源，信息和数字时代的数据。并且，资源的价值随着时间的推移与日俱增，尤其是工业技术的涌现，使得资源的价值大幅提高。当然不排除生态资源枯竭后价值也随之消散。在现阶段或今后几百年内，良好的生态是人类生存的基础的事实不会改变，这是另外一套需要深究的体系了。每个阶段的价值从被人类认知，到被人类支配、使用，都是技术驱动的结果，每个阶段的文明所代表的技术分别是农耕技术、工业技术、信息技术和数字技术，以及未知的或存在于幻想中的未来技术。

根据价值、技术、社会形态三个维度平行或交叉的发展轨迹，人类文明经历了农耕文明、工业文明、信息文明，正在步入价值文明，星际文明也已经出现在未来学家的预测中。

从智人时代到 21 世纪，人类所有活动都是在围绕衣、食、住、行等生存需求和精神需求而去发现、获取、支配并使用价值的。在这个过程中，经济成为价值在人类社会流通中的核心轨道，包含了生产、贸易和消费的过程，本质是价值创造、价值交易、价值分配、价值利用的过程。

我们已经完整地越过了价值觉醒和价值塑造的整个过程，正在经历由数字技术的迅猛发展带来的全新的价值觉醒的过程，这为形成一个客观的价值体系提供了机会。这个客观的价值体系由事实价值体系、透明价值体系和公平价值体系共同组成，且正在酝酿一场关于新文明的价值革命。

第二节　人类文明负熵

人类文明的发展可以被视为一个负熵之旅。人类文明负熵是我基于"熵"的概念而提出的新概念，指的是人类社会无序度降低、系统有序度提高的现象。人类文明的负熵体现为知识、技能和文化的积累所带来社会的有序化和信息量的增加。

在热力学中，熵是一种衡量系统无序度的物理量。而在信息论中，熵被定义为信息的不确定度。负熵则是指某系统内部的有序度或信息量的增加。在自然界中，任何系统都会趋向于达到最大熵（最大的无序度）状态，这是一个不可避免的趋势。然而，在人类文明的发展过程中，通过不断创造、设计和创新，人类社会的无序状态减少了，人类社会的有序状态增加了，形成了人类文明负熵的现象。

人类文明的负熵表现在许多方面。首先，我观察到社会的组织程度在不断增加。从最早的原始社群到现代的城市和国家，人类社会变得越来越有序，机构和制度的建立提供了社会秩序和规范。其次，人类文明负熵的过程主要表现在生产力和科技发展的水平上。随着人类社会的分化和交往，各个文明的生产方式和技术都逐渐得到了改进，人类能够更高效地生产和利用资源，提高生活水平和促进经济发展，从而推动了人类文明的前进。此外，自然科学、哲学和文艺的兴起也是人类文明负熵的重要表现。这些思想和文化的创新，不仅改变了人们的认知方式，还推动了机械制造和交通运输的进步。科学发展使人类对自然规律了解更深入，哲学促进了人们对生命和社会的探索，而文艺作品则反映了人类情感和思想的多样性，这些共同给人类文明的进程注入了新的动力。

然而，人类文明负熵并不是一帆风顺的。随着社会结构愈发复杂和价值观愈发多元，人类面临着许多新的挑战和矛盾。地球资源的有限性和人口的增加正对人类的生存方式和社会进程施加压力，环境破坏、社会不平等、经济发展困难等都在增加现代人类文明的熵值。这些挑战导致了人类文明的高熵值，我们必须建立更为先进和智慧的文明，才能朝着更有序的方向发展。

我们需要具备勇气，以迎接挑战，不断突破旧有的限制和瓶颈，不断寻求更好的生产方式和社会模式。我们需要深入了解各自文化的内涵和历史发展，把握科技发展和经济运作的规则。我们需要持续改进和优化这些系统，以适应新的挑战并引导新的社会进程，推动人类文明负熵之旅不断向前。

1. 智人的文明负熵

在地球上，恐龙生存了上亿年都没有产生文明，而人类只存在了区区几百万年，凭借什么创造了文明？而且地球上曾存在十几种人，但在今天的地球上，只剩下一种人——智人。一般来说，人类的进化历程被认为是这样的：南方古猿进化成能人，能人进化成直立人，直立人进化成海德堡人（海德堡人有时被一些学者归纳到广义的直立人中），而大约在距今50万年以前，海德堡人在非洲和欧洲分化为智人和尼安德特人，最后智人战胜尼安德特人，生存了下来。

根据《人类简史：从动物到上帝》的说法，晚期智人最大的优势不是身体，而是抽象思维能力，这种能力可以把智人更好地组织起来，组织度越高，战斗力越强。语言文字的发明，科学规律的发现，社会组织的建立，货币金融的流通等都是建立在智人抽象思维能力的基础之上的。而尼安德特人没有这种能力，也无法进行有效组织。所以，一对一的话，晚期智人根本不是强壮的尼安德特人的对手，但十对一的话就能进行对抗。组织度不够，无法长期结成大部落，分散的尼安德特人就逐渐被人多势众、有组织的晚期智人战胜了。

建立在抽象思维能力的基础上，智人开始交流，创造了丰富的信息，又从大量信息中提炼出他们一致认为真实的、可靠的、有价值的信息，并以此构建故事。故事被流传，信仰便被分享，信仰的力量能够将成百上千的人团结在一个群体之中，使得智人成为唯一进化为脱离了动物与生俱来的野蛮行径的人，他们有制度、有规章、讲道理、有共识，从而开始有秩序地繁衍。

可以说确立共同信仰是人类文明的开端。共同信仰是将人类聚集和联结在一起的核心要素，也是后来发展宗教、国家、文化及文明的思想根基。基于共同信仰，也就是大家共同认为重要并且有价值的信息，智人的各类行为、关系和治理开始从野蛮无序变得相对有序。思想是人类文明的底层源代码，思想运动往往催生人类生存环境的变革和社会的发展。而智人掌握着思想的力量，开启人类文明负熵之旅的序篇。

有了语言和交流，学会了分工和协作，男人狩猎，女人采集，智人过着和谐的群居生活。通过群居，除了能够团结力量抵挡野兽的侵袭，获取足够的食物，也在不断地创造新的信息、新的故事，以及更多有价值的共同认知。所以说，智人的语言交流系统也是一种信息大数据系统，在创造信息的同时也能识别信息是否有价值，创造该系统的智人又能根据有价值的信息去认识或创造新的事物。人类自古以来就一直在利用信息资源，在不断增加信息量的过程中减少社会的无序。

人类最初创造信息，根本目的是生存。随着对自然资源的信息利用能力的提升，农耕时代随之而来，这时候改善生存条件的目的已初步实现。狩猎和采集是索取经济，即直接从大自然中获得生存所需的能量，而农耕时代的革命性变化是创造经济。人类通过劳动畜牧、耕种，获得并借助自然能量创造更稳定的生存条件，开始使用理智、道德的方式来面对这个世界。这个时代已经形成了比较有规律的生产经济，当然在没有尝试接触更大的世界之前，大部分是自给自足的生产经济。后来在掠夺的脚步下，人类开始寻找、发掘、占领土地及土地上的自然资源，划出自己的统治范围，创建自己的城邦与文化。就在这个过程中，贸易作为最重要的推动力，将宗教、科技、艺术、文化等一粒粒种子撒在地球大片的土地上，慢慢影响人类的生活，塑造了如今雄伟的世界。

有思想的智人在生存方式的演变过程中，品质和行为也越来越趋于稳定。智人之所以有稳定的品质和行为，是因为他们都对某一思想、某一事物、某一信仰有着共同的认知，即价值共识。价值共识演变为大部分人都认可并自觉遵循的规则、制度、法律，继而出现了有组织、有政体的国家，以及有信仰的宗教，也创造了源远流长的璀璨文明。从这方面讲，人类并非直接生存在客观的地球上，而是生活在由信息系统运转的、由价值共识建立的、由价值秩序维系的世界中，一个人从出生开始到实现自己人生追求的过程，都建立在这个共同的世界基础之上。

接着，"认知革命"推动人类进入轴心时代。卡尔·雅斯贝尔斯认为："在公元前800年至公元前200年期间，人类在中国、印度、波斯、巴勒斯坦和希腊都以突破人类早期文明为前提，产生了孔子、释迦牟尼、苏格拉底、查拉图斯特拉等范式创造者，并开启了各自文明后来的发展方向。"[1] 雅斯贝尔斯将这一时代称为"轴心时代"。轴心时代意味着这一时期，人类开始拥有了觉醒的意识，意识到了整体、自我存在的意义及其限度。在雅斯贝尔斯看来，轴心时代的一个重要特点是交往。如今看来，轴心时代的交往是信息交流，包括物质交流、情感交流，本质上是对任何事物所存在的价值的交流。

在认知觉醒的过程中，人类处于朦胧的价值觉醒阶段，先哲们在无参照物限制、无主流思想标准的状态中，实现思想自由、言论自由、交往自由，促使

---

[1] 卡尔·雅斯贝尔斯，《论历史的起源与目标》，李雪涛译，华东师范大学出版社，2018年。

思想大爆炸。孔子、孟子、老子、庄子、释迦牟尼、查拉图斯特拉、苏格拉底、柏拉图、亚里士多德等先哲们的思想，为人类几千年来的社会发展提供了取之不尽、用之不竭的思想源泉。此前，皆为序章；此后，皆为续章。基于先哲们的思想源泉，世界文明按华夏文明、古希腊文明、古印度文明和中东文明四大文明展开。政体上，秦帝国、亚历山大帝国、孔雀帝国、波斯帝国依次在各自的文明基础上建立；汉帝国、贵霜帝国、安息帝国、罗马帝国一字排开。四大轴心文明地区的民族演绎了洋洋大观的人类文明历史。

文明的出现很简单，即有思想的智人将认知转化为信息，根据自己所掌握的知识和所处环境的具体情况（这些都是通过信息表现的），经过深思熟虑做出相对正确的选择。这是人们思想进步的标志，也是人类文明负熵之旅的起点。原始人类通过创造和改进工具，创造了更多的生存手段，改善了狩猎、农业和建筑等方方面面。他们形成了最原始的合作组织，如家族、部落和氏族，这些组织建立了规则和资源分享等机制。在文化传承与知识积累上，原始人类通过口耳相传、讲述神话故事和绘画等方式，将经验、知识和智慧代代相传。这种信息传承和积累增加了系统的信息量，为后代提供了宝贵的经验。原始人类的信息传承和不断学习强化了系统的秩序和结构，展现了人类文明之旅的负熵过程。

2. 人类文明的制度形态

人类文明的制度是人类社会在历史进程中逐步演变而成的一种体制。它是人类社会形态的具体体现，是经济、政治、文化等各个领域内含的一种特定模式，体现了社会的运转方式、社会成员的分工与利益分配、社会统治力量的来源及运作等。人类文明的制度形态包括原始社会、奴隶制度、封建制度、资本主义制度、社会主义制度。

原始社会是人类社会发展的起点，这个阶段的人们主要以狩猎和采集野果为生，以部落或氏族为单位集体生活，共同分享劳动成果，存在一定的共产主义关系。在这种关系中，基于共同生存的原则，人们的物质和精神财富都是公有的和平等的。但随着人口的不断增加和资源有限，原始社会逐渐衰落，开始出现奴隶制度。

奴隶制度是人类文明制度形态的第一个阶段。奴隶制度在古代世界广泛存在，如古埃及、古希腊、古罗马等。在这个阶段，社会劳动力主要由奴隶组成，而财富和权力属于地主和奴隶主，相当于地主和奴隶主掌控了劳动创造的大部分财富和价值。奴隶制度的特点是强调等级制度和权力集中，社会分为统治者和被统治者两个阶级，地主和奴隶主享有特权，而奴隶则失去了自由和权益，被迫为地主和奴隶主提供劳动。奴隶制度是人类文明历史的重要分水岭，给人类社会制度提供了许多重要的启示。它揭示了社会阶级分化和权力集中所带来的问题，引发了对社会公平和正义的思考，也催生了对更为人性化和平等的社会制度的探索。

其后出现的是封建制度，其特点是封建领主和国王掌握了大部分地产和军队，使得土地成为统治阶级间争夺的焦点。在封建社会中，农业运作是核心，人们期望通过农业生产获得收入。封建制度也同样固化等级制度并高度集权。社会被分为不同的阶级，权力高度集中在封建领主和国王手中，他们拥有绝对的政治和经济控制权。封建制度对个人的生活和命运施加了严格的管制，个人的权益也受到了限制。

资本主义制度是人类文明历史上的重要内容，其特点是出现了资产阶级。人们投资生产，雇用劳动力，利用竞争关系追求利润。资本主义的逐渐发展，使得经济范围显著扩大。在这种制度下，虽然大部分控制权掌握在资本家手中，但随着生产技术和自然科学的快速进步，个人自由和人权得到了一定的保障。人们享有一定的权利，如言论自由、信仰自由等。在这个时期，法制成为主要的制度管控体系，资源配置通过供需关系和价格机制得到相对平衡。相对平等的市场竞争也奠定了人民生活水平得到提高的基础。资本主义强调市场经济、个人权利和自由竞争。

社会主义制度是在现代化条件下出现的一种制度形态，它在社会经济体系中引入了公共所有制和共同体利益的概念，改变了社会经济体系。社会主义制度的特点是注重公共所有制，强调社会财富的共同利益，以及劳动者可自由进入或退出决策的过程。社会主义追求财富的合理分配，以满足人民的基本需求和提高整体福祉。社会主义强调社会意义上的民主、自由和公正，包括人民的参与权利、自由表达、公平分配和机会平等。社会主义还注重资源的可持续利用和环境保护。需要指出的是，目前社会主义的具体形式和实践方式因国家的发展水平和历史条件而异，但共同拥有追求社会公平、增进人民福祉和可持续发展的目标。

到目前为止，人类的历史已经发展出以上五种文明制度。人类文明制度形态是人类逐渐认识和追求价值的体现，形成了每个文明阶段不同的价值机制。价值机制是人类寻求价值生活、价值实践和价值目标的系统秩序。社会活动是以价值为基础的实践，社会制度的不同在于，每个阶段存在着不同的共有价值，以及共有价值存在不同的排列规则。

总之，人类的文明制度形态不断发展演变，每一个阶段都有其自身的独特性和局限性。人类文明的历史可以看作从原始社会逐步演进至社会主义社会的过程。然而，当前阶段人类文明的发展关注点已经转向了建立和维护价值觉醒、价值秩序和价值决策机制。

价值觉醒使人们意识到个体和社会的行为对个人和整个社会的发展会产生深远影响，因此人们更加关注社会公益、环境保护和可持续发展等问题。与此同时，建设和维护价值秩序成为当前人类文明发展的关键任务。价值秩序是基于价值觉醒建立起来的一套准则和规范，用于引导人们的行为和社会的发展。这涉及法律体系、道德规范、社会规则等方面，旨在维护社会的公正、稳定与和谐。在制定政策和做出决策时，人们将价值觉醒和价值秩序作为指导，确保决策的公正性、可持续性和人本性。

3. 工业革命的文明之熵

始于大约260年前的工业革命，是人类历史上的一次科技爆发，也是人类历史上一个重要的分水岭。工业革命及工业革命后人类在科技上的进步远远超过以往的几千年，人类从过去依附于自然转变为主动改造自然，显著提升了生存能力和生活质量。

工业革命最显著的成就之一是极大地提升了工业生产力，这种生产力的变革是人类文明进化史中最大的变量之一。工业革命所带来的生产力的提升不仅影响了经济领域，也对人类的道德观念、文化形态等思想层面产生了影响，综合推动社会秩序的变革。

生产力的提升演绎了价值规律中的价值扩张。价值扩张具有两层含义。正向的价值扩张，是利用技术的进步，驱动大自然中各种事物为人所用的价值的增加；负向的价值扩张，是一部分群体在利己的私欲下占有他人应享有的价值，实现对自身利益的扩张。这种负向的价值扩张对整个世界，特别是对被扩张的地区具有破坏性。工业革命在价值扩张的这两方面都有体现。

工业革命依靠技术对价值的扩张，成为引发人类价值制度和规律变化的最大动力。1765年，英国工人哈格里夫斯发明了珍妮纺纱机，极大地提高了生产率，并引发了进一步的机器发明连锁反应。珍妮纺纱机的发明和使用被认为是工业革命开始的标志。珍妮纺纱机为英国的纺纱工业带来了深刻的变化，但是仅仅局限于手工业和纺织业。虽然纺织厂的生产效率提高，但珍妮纺纱机只是增强了人力，仍然没有替代人力。18世纪末，同样是英国人的瓦特改良了蒸汽机。以此为开局，人类智慧带来的技术进步使得工业社会获得质的飞跃，蒸汽动力几乎可以成为所有机器的动力。人类进入蒸汽时代，手工劳动转向机器生产。其中，不可忽视的是蒸汽技术带来了交通运输革命。工业社会与原始社会、农耕社会的区别之一就是拥有了四通八达的运输网络，打通了原材料获取的渠道，使产品能够流通至各地，让区域经济向全球性的综合经济转变，从而改变人类社会的工作和生活方式。"天地交而万物通"，这种互通有无、连接自然与社会的"交"反映了天地自然和社会人文之间的相互交流与联系。"交"是实现社会革新的必要条件，而分裂、封闭和停滞是无法推动社会进步的。这也是交通的深层含义和哲理所在。掌握交通运输要道、抢占交通技术的制高点，便能获得更多的贸易主动权。从本质上讲，控制交通运输网络就能掌握自然和社会中价值分配的路径。所谓价值革新，正是由技术革命和世界连接方式的改革带来的社会秩序重构和世界格局颠覆。

自18世纪中叶至今，全球大部分地区都处于工业社会体系之中。处处可见的工厂、联通全球的铁路、无以计数的商品，工作成为人们生活中最重要的组成部分。工业社会的体系改变了人类的思维方式、生产方式和生活方式，塑造了以国家为组织单位的相互竞争、合作的世界格局。

工业革命源于英国，并在欧美主要资本主义国家发展。这些国家利用开辟贸易通道、把控贸易主权和建立殖民地等手段，控制了许多新发现的地域和其中蕴含的财富。这形成了地域间地位不平等的状态，被殖民的地域被剥夺财富价值，有些地区的人民甚至沦为服务于发达国家的奴隶。这种不平等为发达国家创造高水准的经济和社会条件提供了价值资源。但不管怎样，在不断挣扎下，现代世界的大部分地域基本摆脱了无秩序被殖民的命运，世界版图基本上建立起来了。在联合国等国际组织、各类协议的约束下，谁都无法轻易地发动地域争夺之战。这也说明国与国之间基本能够抗衡，从而解决了历史上存在数千年的地域不平等问题。所以，与历史上的野蛮掠夺相比，当代世界的人类秩序是一种更加进步的文明。

工业革命发掘了新的发展动因，使得可耕作的土地不再是第一生产要素。工业革命将丰富的煤炭、铁矿、石油等矿产资源作为财富基础（尽管这些资源本应属于全人类，但在资本主义下，它们成为某些阶级专有的资产）。在这个新的背景下，市场、资金和劳动力成为资产阶级争相掠夺的主要对象。

政治阶层追求可只手遮天的权势，资本家追求永无止境的财富，工人则追求更多的劳动报酬。这些不同的利益相关者在工业革命的推动下，各自追求着不同的目标。而这没有平衡各方的权益，在资本主义的运行模式下，社会阶级之间的竞争和不平等现象不可避免。

在工业革命中，人类执着于追求利益，却忽略了质的改善，甚至削弱了人类生命的本质意义。刘易斯·芒福德曾揭露了工业社会下人类的真实状况，他描述道："在拥挤的工业区内，人们每天劳作14至16个小时，就在工作过的煤矿或工厂近旁死去。他们活着或者死亡，既没有记忆，也没有希望。白天有点东西可以果腹，晚上有个地方可以栖身，做个心神不安但聊以自慰的短梦，他们就很满足了"。[①] 劳动力变成资本家眼中的一种资源，工人只是一类产品，

---

① 刘易斯·芒福德,《技术与文明》, 陈允明、王克仁、李华山译, 中国建筑工业出版社, 2009年。

资本家付少量的费用即可获得工人的劳动,让工人为自己创造更大的价值。在资本主义的剥削下,工业革命时期(早期发生在英国的工业革命阶段)工人阶级饱受无尽的苦难。《双城记》有一段描述底层苦难的情节令人震撼。一位侯爵的马车压死了一个小孩,他大声训斥孩子的父亲:"你为什么不管好你的孩子,你可知道这会伤害我的马车吗?"孩子的父亲冲上去要与侯爵拼命,路边小酒店的老板赶紧拉住他,劝说道:"穷孩子这样死掉,比活着好。一下子就死了,不再受苦了,如果他活着的话,能有一时的快活吗?"侯爵点点头,然后掏出一个金币往车外一扔。① 这一情节展现了工业革命时期社会中的贫富差距和权势者对人命的冷漠态度。侯爵对孩子的死无动于衷,甚至认为死亡对于这个贫困孩子来说是一种解脱,因为这个孩子注定无法享受生活的乐趣。

然而这些苦难的表象并非底层真正的深渊,苦难的本质是工人阶级被无情剥夺了跨越阶级的权利,难以实现改善生活和追求理想人生的目标。工厂体系阉割了工人的思想,用极少的报酬维持工人的劳动欲望,剥夺工人受教育的机会,消除工人获得其他层次的知识和从事其他职业的机会。即使为童工提供教育,也仅仅是机械的技术培训和劳动培训,培训的目标仍然是让童工为资本家提供高效的劳动力,而不是为了童工自身的人生。这种抑制思想的做法让工人阶级从思想上服从于资产阶级,切断了他们跨越阶级的途径。戴维·兰德斯曾说:"工厂是一种新的监狱,而时钟则成为新的狱卒",这批判了工业体系对个人的剥削。工人阶级失去了生命的意义,企业家、资本家、政治家也不一定能够获得生命的意义。他们在追逐权势的过程中,牺牲了健康、娱乐和思想自由等方面的愉悦。当然,这种现象在 21 世纪仍然是大部分工作者所面临的人生常态。

至于工业革命对人类文明的影响,我们不能简单地判定其是正面的还是负面的。从社会生产的角度来看,它是一种正面影响;然而,从个体的民主原则和生态环境的角度来看,它却是一种负面影响。但这不影响工业革命所引领的新人类文明在历史上的重要地位。或许,工业革命真正的意义不在于它所产生

---

① 查尔斯·狄更斯,《双城记》,宋兆霖译,时代文艺出版社,2019 年。

的具体结果，而在于它所指引的方向。工业社会体系看似有序的背后存在着更加无序的状态，这种无序加强了人类对秩序的探索。这也许是为在21世纪数字社会体系中人类追求生活目标和人生意义的探索做了铺垫。

工业文明本质上仍然是在消耗自然赋予的价值，同时也是在过度透支生态资源，而资源的有限性无法满足工业的无限性发展。地球资源是有限的，无论土地资源、水资源、矿产资源还是生物资源，都无法随着生产力的提高而无限增长。然而，高效率的生产力是维持人口增长和经济发展的必要手段，人口增长促进经济增长，而经济增长加速了资源的消耗，从而形成了一个相互关联的矛盾。工业文明所面临的困境正是在资源有限性的背景下暴露出来的。

在21世纪，人类消耗土地、煤炭、石油、稀有金属等自然资源的速度达到了历史之最。根据全球生态足迹网络的统计数据，1970年设立了首个"地球生态超载日"，为12月29日，这标志着地球资源开始进入"欠费"模式。此后，这一日期不断提前。1993年的地球生态超载日为10月22日，2003年提前到了9月20日，2013年则是8月20日，而到了2022年，已变为7月28日。联合国官员莫汉·穆纳辛格说过，截至2012年，人类已经透支了地球上50%的可持续自然资源。根据这50年的发展趋势来看，地球生态超载日基本上每隔10年就会提前一个月。全球生态足迹网络的另一项统计数据指出，为满足全球人口的需求，目前需要大约1.6个地球的面积和生态资源。而如果按现有趋势继续发展，2030年后，我们可能需要两个地球才能满足需求。与此同时，气候的恶化将要突破环境对人类社会承载的极限。澳大利亚著名气候学家威尔·斯特芬指出，地球系统很可能正接近二氧化碳浓度和温度的一个关键阈值。一旦跨越这个阈值，地球系统可能达到会导致突然变化的临界点，如极地冰盖加速融化、海平面上升、热带雨林受到破坏等。斯特芬用泰坦尼克号作比喻来描述人类面临气候变化的危机，他说："如果泰坦尼克号意识到自己遇到了麻烦，它需要大约5公里来减速和掌舵，但它距离冰山只有3公里，那么它注定失败。"[1] 人类经济活动越繁荣，地球所承受的负担就越沉重。如何确

---

[1] 转引自"中国环境"公众号文章《15个气候临界点已激活9个，我们如何应对》。

保我们的后代能够生存，是全人类需要思考的问题。

同时，人口爆炸式增长也是专家们非常关心的问题。据联合国《世界人口展望2022》的统计数据，到2022年11月15日，全球人口达到80亿。联合国秘书长古特雷斯在《80亿人口，一个人类》一文中指出，全球人口达到80亿，这是人类发展的一个里程碑。然而在气候变化、粮食安全和战乱等多重危机下，不平等问题也愈发严重，世界正逐渐走向分裂。简单来说，如果我们不能弥合全球富有者和贫困者之间的巨大鸿沟，这个人口总数达到80亿的世界将充满紧张、不信任、危机和冲突。[①] 这已经是与整个社会和全人类息息相关的深刻矛盾，而不仅局限于某个半球、某个洲、某些区域、个体之间，这也是人类历史上所有的区域矛盾、阶级矛盾、产业领域矛盾和财富分配矛盾等在时间的推动下积累形成的人类社会的根本矛盾。我们将价值视为人类文明的内核，人类社会的根本矛盾就体现在价值分配机制的不平等、不平衡和不完善上。由于全球化经济和贸易所带来的利益分配机制并未在全球层面上实现合理的利益分配，导致大部分利益被强势的权力主体优先获得，形成了全球化的涡流。这些矛盾是工业文明及之前的历史文明无法解决的。历史上的殖民、霸权、掠夺、对新财富的争夺及对生态环境的破坏，大多是由不对等的区域地位导致的。

总之，工业革命是文明的负熵，也是文明的熵增。

在工业化进程中，人类通过技术、创新和组织形式的变革，再次实现了原有社会秩序的重建、资源的有效利用和经济的持续增长。工业革命把更多的人纳入经济体系，为"如何给数量显然比此前的任何一个时代都要多的一代又一代的孩子提供衣食"[②]的问题提供了解决途径。这是工业革命带来的文明的负熵。

贯穿人类文明史的两大矛盾是人与自然的矛盾和人与人的矛盾。人类进行的负熵实践就是尝试抵抗这两大根本矛盾带来的混乱和无序状态。延续到21世纪的工业革命，其在促进文明繁荣的同时，也将这两大矛盾激化。这是工业

---

① 转引自联合国秘书长古特雷斯的署名评论文章《80亿人口，一个人类》。
② T.S.阿什顿，《工业革命：1760—1830》，李冠杰译，上海人民出版社，2020年。

革命带来的文明的熵增。

21世纪的重大变革是对历史遗留问题的回应。

4. 文明的熵增

文明的熵增是文明进程中的无序状态增加的现象。文明是人类社会演化的产物，是人类智慧的结晶。然而，与文明崛起和发展相伴的还有熵的增加，即系统的无序。

爱因斯坦指出："熵增定律是科学的第一定律，任何理论如果与熵增定律相悖，这个理论一定是没有希望的。"熵，最早由德国物理学家鲁道夫·克劳修斯提出，用以度量一个封闭系统"内在的混乱程度"。熵增定律，就是系统的熵不断增加的过程。克劳修斯认为，能量守恒定律表明能量在相互转换时总是不生不灭，但实际上能量转换的效率始终低于100%。以火力发电为例，燃料燃烧产生的热能加热水，然后再用水蒸气推动发电机发电，能量依次转化为化学能、热能、机械能，最终产生电能。然而，在热能转化为电能的过程中，能量转换效率只能达到39%左右。这种能量损失主要是因为热能在转换过程中存在不可逆性。不可逆性指能量转换中无法完全恢复原始状态或无法完全避免能量散失。这种不可逆性导致了能量的浪费和熵的增加。

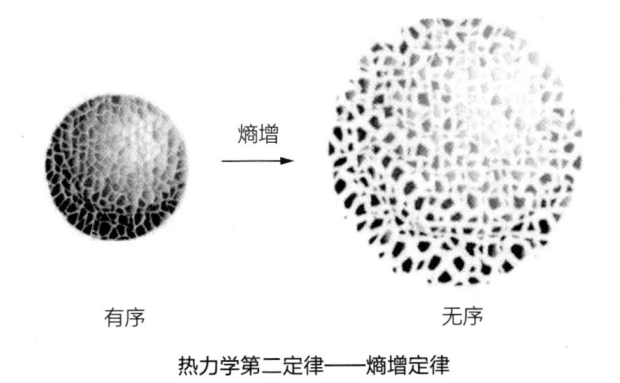

有序　　　　熵增　　　　无序

热力学第二定律——熵增定律

薛定谔在《生命是什么》一书中提到，人活着就是在对抗熵增定律，生命以负熵为生。所谓负熵，就是减少熵，减少混乱，把混乱无序变为有序和有质。在没有摄取能量的情况下，生命体内的能量随着时间的流逝自发地散失，当能量散失达到一定程度时，生命体就会死亡。[1]在生物学中，生命体维持自身结构和功能需要消耗能量，并通过代谢和其他生物过程来维持内部的有序状态。这意味着生命体可以将外界的能量转化为内部的有序结构和功能，从而减少生命体内部的熵。当生命体无法维持内部有序性或无法补充足够能量时，熵将增加，导致生命体的衰老和最终的死亡。

文明包含了物体的生命力和逻辑性，物体本质上来自自然界，自然界也是熵增的。在文明进化过程中，自然能量在消散，人类的自由意识也会逐渐消亡，制度、文化、信仰、精神都在趋于均一化，从而限制了文明的多元性。如果技术不进步，人类文明从自然界获取的能量会逐渐减少，人类的自由意识也会越来越屈服于机械秩序，从而导致文明萎缩。

关于熵理念的运用，社会物理学上有个名词叫作社会熵。人类社会相当于由许多耗散结构组成的耗散体系，人类的生产活动也是熵的过程。例如，人类在生产活动中发明了更高能量或更有秩序的物品时，总是伴随着熵的减少，而这些物品被还原成原材料之后，会出现再次熵增。这就像垃圾回收系统一样，我们使用有序的物品，然后通过回收将其恢复成原材料。从原材料到制成物品再到成为垃圾，然后回收成为原材料的过程就是原材料能量耗散的过程，也是自然的持续熵增。所以，现实中的人类社会本质上处在一个熵增的过程中，这个过程是不可逆的。从原始社会到青铜时代是熵减的过程，从青铜时代到铁器时代是熵减的过程，随后进入封建社会也是当时环境下能够实现的最大程度的低熵状态。然而，随着阶级的划分、权力的追求及生存的艰难，社会体系从自然的有序状态进入到长期的人为无序状态。因此，数千年来的人类社会从农耕时代开始逐渐变为熵增社会。在农耕社会中，熵增集中在人类对土地资源的驱动上。对于每个社会单元来说，良性发展的基础是，单元内的人民能够驱动的能量越来越多，自然就能维持熵减的过程。但是，当维持负熵的资源和能源越来越集中时，就会引发各种阶级矛盾和战争。当掌控社会的政体无法攫取土地和劳动力的能量，无法维持熵的平衡时，就会面临体系崩溃和解体的局面。在

---

[1] 埃尔温·薛定谔，《生命是什么》，张卜天译，商务印书馆，2018年。

工业文明以前，人类社会的熵增是随着土地能量的耗散而增加的。而到了工业社会，依靠发展迅速的科技手段，社会整体的熵增因素变得复杂，人口增长、经济发展、工业水平提升，以及能源消耗的增加等都加速了社会熵增。随着社会结构的复杂化和分工的细化，社会中的不平等现象逐渐显现。贫富差距的扩大、社会阶层的固化，以及权力的集中等问题都是社会熵增的表现。

环境熵增也是文明熵增的一个重要组成部分。人类活动和文明发展不可避免地对环境造成了无序化和混乱程度增加的影响。资源过度消耗、环境污染、生态破坏，以及生物多样性的丧失等因素相互交织，相互影响，导致了环境的熵增。文明的发展离不开资源的支撑，然而人类对资源的过度开发和利用导致许多资源正面临枯竭。例如，石油、煤炭等化石燃料的大量使用会导致能源危机，森林的滥伐会引发生态灾难，这些都是环境熵增的结果。此外，工业化进程带来了大规模的环境污染，严重损害了生物的多样性和生态系统的平衡，这些都是环境熵增的明显表现。同时，气候变化也会受人类活动的影响，其对全球环境产生的冲击进一步加剧了环境熵增。环境熵增对人类社会和文明的可持续发展产生了负面影响，关乎资源的可持续利用、生态系统的健康及人类社会的福祉。

生命熵、社会熵、环境熵都只是文明熵增的一部分。事实上，文明的熵增是一个高度复杂、动态且非线性的系统。人类社会活动或自然活动中的每一个行为，都可能成为影响熵增的因素。这些因素是社会、政治、技术、文化、环境、自然等多方面的，每个因素都有自己的子因素，自成体系，以此显示出对文明熵增的具体影响。

文明的熵增过程存在许多反馈机制，每个体系都由多个相互关联的因素和反馈机制共同作用。这意味着某个因素的变化可能会引起其他因素的变化，从而产生非线性效应。正反馈机制会放大熵增的效应，而负反馈机制则可以抑制熵增。

当一项新的科学发现或新的技术创新出现时，就可能会触发正反馈机制，催生更多的创新和发现。例如，人们掌握了电力技术，又促进了许多其他技术的发展，如电子设备、工业机械和计算机等，这些技术的发展又进一步促进了更多的科学研究，形成了一个正反馈循环。这样的循环引发资源消耗、环境压力和其他问题，从而加速了文明的熵增。

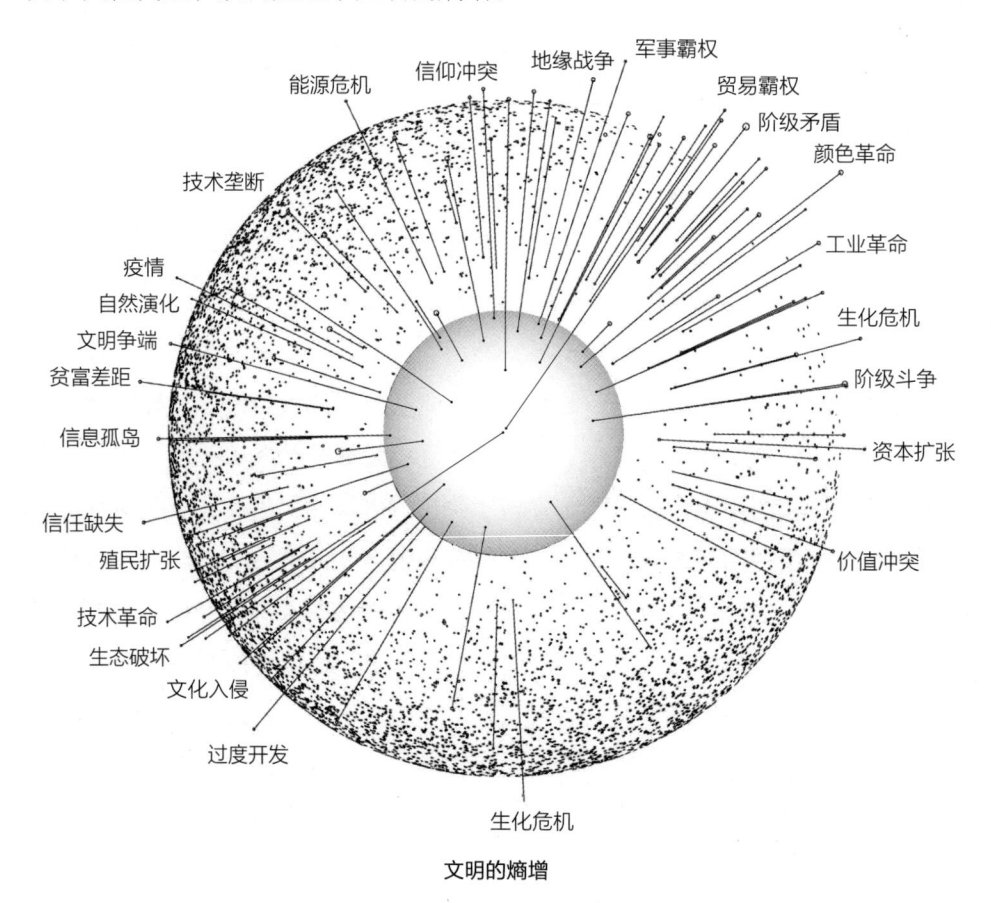

文明的熵增

而在自然生态系统中，存在许多负反馈机制，用于维持生态平衡、进行环境调节、抑制过度熵增。食物链和食物网是典型的负反馈机制的例子。当一个物种的数量增加时，就会消耗更多的资源，导致资源减少，从而可能会限制该物种的增加。这种相互作用形成了一个负反馈循环，有助于维持物种多样性和生态平衡。正如《狼图腾》的作者姜戎所提出的，人类将狼消灭后，出现了一系列现象。首先，老鼠泛滥。狼是自然生态系统中的掠食者，它们对控制小型哺乳动物（如鼠类）的数量起着重要的作用。狼被消灭后，鼠类的数量可能会激增。这些鼠类会破坏农作物，对农业产生不利影响，从而影响人类社会的发展。其次，草原退化。狼的存在可以调节食草动物（如鹿和羊）的数量，它们通过捕食弱小的食草动物，保持食草动物种群健康和数量适度。狼被消灭后，食草动物数量可能过度增加，进而导致草原退化。再次，生态平衡遭到破坏。狼在食物链中居于顶层位置，控制着下层物种的数量。狼被消灭后，控制作用消失，可能导致下层物种数量下降，打破生态平衡。最后，人类文化和精神会丧失。《狼图腾》描绘了蒙古牧民文化与狼之间的紧密联系。狼在蒙古牧民的传统信仰和生活方式中具有重要的象征意义。狼被大规模消灭后，蒙古牧民失去了与这一关键元素的联系，这可能会导致自身文化的衰退。因此，姜戎认为，狼的灭绝对生态系统和人类社会文化都是一种灾难。

气候变化和系统崩溃的例子展示了文明熵增非线性效应的影响。气候变化十分复杂，其中存在多个相互关联的因素和反馈机制。当地球温度上升时，可能会导致冰川融化，进一步降低地表的反射能力，同时又会吸收更多的太阳辐射，导致地表温度进一步上升。这种正反馈机制可能引发更多不可逆的变化，如海平面上升和生态系统崩溃。所以，一个小的变化可能会引起系统中的连锁反应，导致大规模变化和系统崩溃，如蝴蝶效应。这也从侧面说明了文明熵增的速度和程度是不均匀的，可能出现突然的变化和不可预测的事件。

文明熵增是一个历史性的动态过程，不同的文明时期会呈现出不同的熵增模式和特征。

历史上许多大帝国在其繁荣时期表现出高度的组织性和秩序性，但随着时间的推移，内部的复杂性和无序性逐渐增加，逐渐导致了帝国的衰落和解体。例如，罗马帝国在其辉煌时期达到了高度统一和繁荣，但受内部腐败、行政体系分裂、经济衰退和外部压力等因素的影响，分裂成东西两个帝国，并最终灭亡。

文明熵增的历史性特征还体现为不同文化之间的交流和冲突。历史上的文明交流往往能够促进文化的融合和创新，但同时也伴随着文化冲突和价值观念的碰撞。古希腊城邦和波斯帝国之间的战争是西方文化和东方文化冲突的一个例子。这一系列战争被称为波斯战争，发生在约公元前5世纪上半叶。古希腊文化和波斯文化代表了两种截然不同的文化体系和价值观念。古希腊文化强调个人的自由、民主和城邦的独立，而波斯帝国作为一个强大的中央集权国家，注重集体主义。冲突的导火索是古希腊城邦伊奥尼亚地区的叛乱，这些城邦受到波斯帝国的统治。在三次波斯战争中，古希腊城邦联盟（以斯巴达为核心）与波斯帝国展开了激烈的交锋，并最终成功地击败了波斯军队，保卫了自己的独立和自由。这场战争不仅仅是军事上的对抗，也是文化上的碰撞。古希腊城邦的胜利被视为古希腊文化的胜利，增强了古希腊人对自身文化和价值观的自豪感。

历史上，还有几次科技革命加剧文明熵增的标志性事件，前文所探讨的工业革命也体现了文明的熵增。

在当代，数字革命也给人类文明带来了一定的熵增。数字革命使得海量的信息能够轻松地被产生、传播和存储。但是，这也导致了信息过载。当人们面对大量的信息时，很容易遇到选择困难的情况，容易受到虚假信息、信息泛滥和信息碎片化等问题的影响，更难以获取准确的知识并进行有效决策，如此便加剧了数字社会的无序性。数字革命加剧了数字鸿沟，即信息和通信技术的差距所导致的社会和经济不平等现象。虽然数字技术为一些地区带来了便利和机遇，但对于那些无法运用数字技术的地区来说，其面临着被边缘化和被排斥的风险。这种差距加剧了社会的不稳定性。数字革命也带来了隐私和安全问题。个人数据的收集、存储和利用成为一个重要议题。隐私泄露、个人信息被盗用和网络攻击等现象对社会的稳定性带来了潜在的风险。社交媒体的兴起是数字革命的重要体现，改变了人们的交流方式和信息传播的方式。然而，社交媒体也带来了一系列的问题，如信息泡沫化、社会意识极端化、网络欺凌等，加剧了社会的分裂和冲突。数字革命也导致了现实与虚拟的脱节。人们可能过度沉浸在虚拟世界中，造成和现实世界脱节、社交孤立。总之，数字革命在许多方面都加剧了现代人类文明的熵增，使得社会更加复杂、不稳定和无序。

自然灾害在历史上是导致社会崩溃和无序增加的重要原因，并且是不可抗因素。洪水、地震、瘟疫等灾难性事件会破坏社会的基础设施，引发资源争夺和社会动荡，导致政治和经济体系的崩溃。例如，中世纪的黑死病导致了人口急剧减少、社会秩序崩溃和经济滑坡，是人类历史上的一场重大灾难，造成了巨大影响。

总之，无论帝国的衰落还是文化的冲突，无论科技革命还是自然灾害，都反映了文明熵增是一个普遍存在的历史现象。在这个过程中，还伴随着一些文明熵增的其他标志性特征，比如阶级斗争和社会革命、殖民扩张和掠夺、文化衰退与价值观念混乱、政治权力集中与腐败、生化危机、贸易霸权与经济制裁、贫富差距、信任缺失与信息孤岛，等等。

进化是一种必然的选择，消亡也是一种必然的趋势。人类需要寻找能够与熵增相抗衡的力量，才能更好地实现可持续发展。

5. 文明的跃迁

让·波德里亚提出："仿造是从文艺复兴到工业革命的'古典'时期的主要模式。生产是工业时代的主要模式。仿真是目前这个受代码支配的阶段的主要模式。"[1] 首先，波德里亚将文艺复兴到工业革命的这段时期称为仿造的时期。在这个时期，人们主要通过模仿和再现来表达自己，通过模仿古典艺术和文化来创造新的作品，通过仿造自然规律去创造更多的价值，仿造"依赖的是价值的自然规律"。其次，波德里亚认为，工业时代的主要模式是生产模式。工业革命通过机械化和分工实现物质生产和经济增长，这个时期的生产"依赖的是价值的商品规律"。最后，波德里亚指出，目前这个时代，也就是他写作的时代，主要模式是仿真模式。他所说的仿真是指通过模拟、虚拟的方式来构建和呈现现实世界。在数字技术高度发展的时代，人们通过计算机代码和电子媒体创建虚拟世界，并将其与真实世界混合。这种仿真的过程不仅在娱乐领域广泛存在，也渗透到社会、政治和文化等各个领域。波德里亚认为，处在由代码支配的阶段，仿真成为主要的文化和社会模式，仿真"依赖的是价值的结构规律"。

文明体系是价值规律演进的结果。自然的价值，是人类价值觉醒；生产的商品，是人类在自然规律的基础上对价值的塑造；代码、信息、数字时代的模

---

[1] 让·波德里亚，《象征交换与死亡》，车槿山译，译林出版社，2006年。

式，是逐渐对工业革命塑造的价值的商品规律的颠覆，不是只有生产才能产出商品，不是只有商品才具有消费的价值。信息时代价值的表现形式已经完全颠覆了信息时代之前的交易，也将颠覆传统经济学、政治学、哲学、文学等价值结构。工业革命及工业革命之前的仿造与生产颠覆不了万物，但数字革命可以。这就是仿真对"价值的结构规律"的巨大影响。

价值的结构规律的改变是人类社会从一个文明阶段跨越到另一个更高级的文明阶段的过程，一个新的文明时代正在诞生。在这个时代中，文明函数值在技术的指数发展状态下，正在趋向于最优值。

数字技术带来的这种仿真正在改变原有的秩序、规则和社会面貌。以区块链为代表的新一代数字技术，催生了新一代"价值互联网"，并推动着世界进入以"可信价值数据"为核心的生产要素时代。元宇宙是用数字技术打造的世界孪生体，同时也是人类试图开辟的"新大陆"。去中心化的区块链提供了一个人人平等的机会，数字技术可以塑造人类命运共同体，数字能够成为人类社会的基石。由此，价值的表现形式从制度、文化、经济等外在元素转变为由数字呈现的内在元素，使得人类文明的内核——价值更加清晰透明。在这个时代中，数字和价值是两个核心要素。在这样的趋势下，由区块链及其他数字技术、数字技术与万物融合驱动的、以数字为基准的数字价值体系，正在带来人类交流方式（新信任文明）、交易方式（新商业文明）、支付体系（新金融文明）和社会治理（新社会文明）的巨变。这个价值体系正在开启价值文明时代。

从体现价值的资源的角度来看，自然物质，如土地、能源是单维度的自然资源，而且是不可再生的（大部分能源都在消耗地球资源）。它们是不可共享的，单维度的资源价值是以排列组合形式影响人类社会和全世界的。而数据是全维度的社会资源，并且是能够无止境增加、复制和共享的资源。数据的全维度特性又能够进一步实现其与万物的融合，如基因编程、智能制造、人工智能和纳米工程等。数据的价值会随着多个维度不断融合释放更大的价值，这个价值似乎没有边界，这也正是数字技术的强大之处。

数字技术使人类进入数字时代，这是人类文明史在价值方面的分水岭。在数字时代之前，价值觉醒和塑造都是在文化、政治、制度和法律等的影响下进行的。价值可以是纯粹的，也会变得不纯粹，如奴隶制度、金融骗局、炒作骗局和隐性政治霸权等。数字时代之所以会产生革命性的影响，是因为万物的价值都可以通过可信的 0 和 1 两个简单数字形成的代码进行纯粹的表达。万物皆源于计算，数据成为核心的、永恒的生产要素，突破了土地、劳动力和能源等资源作为生产要素的有限性。价值的澄明和守恒，打破了传统的价值系统，深刻引发经济、社会、政治、文化等的变革，并将形成永恒包容、信任、平衡的价值文明体系。

总体而言，价值规律是人类社会在对抗熵增的历史进程中，依赖物质而形成的技术、制度和文化的总和。价值是隐含在各种文明成果中的内核，也是各种文明趋向于共生的核心凝聚力。价值文明的目的是共生共荣，取代历史上一直存在的"丛林法则"，其终极目标是实现无差别对待和最大程度的自由。价值文明趋向于"人是人的最高本质"这样一个"绝对命令"，致力于减少人对制度、世俗、资本、权势等逻辑的依赖，关注的是人自身的价值诉求。

"人是人的最高本质"是费尔巴哈人本主义的重要命题。它将人类规定为抽象的、超验的精神实体，认为人的本质在人自身。马克思和恩格斯在《共产党宣言》中写道："代替那存在着阶级和阶级对立的资产阶级旧社会的，将是这样一个联合体，在那里，每个人的自由发展是一切人的自由发展的条件。"[1]人类命运共同体基于当今世界正处于并将长期处于"以物的依赖性为基础的人的独立性"发展阶段的现实，顺应资本逻辑及其自我扬弃的发展趋势，追求构建人类文明发展的人的逻辑，为建立"以人的自由而全面发展为原则"的文明共同体创造条件、奠定基石。[2]数字技术的崛起为实现这一目标提供了新的机遇和工具。

确切地说，价值文明不是一个阶段的文明，而是人类有史以来就存在的整体文明，甚至也将会存在于星际文明时代。毕竟，人类的所有活动都是围绕着

---

[1] 卡尔·马克思、弗里德里希·恩格斯，《马克思恩格斯文集：第二卷》，中共中央马克思恩格斯列宁斯大林著作编译局编译，人民出版社，2009 年。

[2] 颜晓峰等，《创造人类文明新形态》，社会科学文献出版社，2022 年。

"价值"这一内核而进行的。只不过在这个跃迁式的文明进程中，价值的最高形态或许能够超越现有的所有桎梏，包括制度、法律、习俗、宗教、文化边界和政治边界，等等。那样的世界是怎样的一个世界呢？社会更加公平，文明更加开放和包容，生态资源被珍惜和妥善利用，每个人都可以追求理想，没有霸权垄断，发展机遇平等，发展鸿沟缩小……那将是一个繁荣、美好的世界。这就是价值文明的本质，价值文明体系为解决世界大部分问题提供理论引导。

第四章 | Chapter 4

人类价值文明

近代以来的两次重大变革——工业革命和数字革命，为人类文明带来了巨大的进步。不同的是，在工业革命时代，财富和机会并没有被平等地分配给所有人，只有少数人能够在工业化进程中获得利益。而数字革命的到来则彻底改变了这一情况。今天的互联网，把世界上的大部分人纳入其中，几乎每个人都有机会与其他人进行实时交流、贸易。无论在社交媒体上分享生活，还是在电子商务平台上进行购物，人们都可以通过数字技术与世界各地的人进行连接和互动。

数字革命的一大特点是它的包容性和平等性。与仅有一部分人能够获得财富和贸易权的工业革命不同，数字革命使得每个人都能参与到经济和社交活动中，任何人只要有一台智能手机或电脑，就可以通过互联网进行交易、交流等活动。这为人们提供了更多的机会和可能性，消除了地理位置和社会背景对于开展经济活动的限制。新一代互联网及元宇宙的出现，体现了数字革命的范式特点。

在历史上，技术进步也会引发国际社会的冲突和矛盾。比如，农业文明的兴起导致国家间争夺土地和资源；工业时代，欧洲的工业革命引发了殖民主义和帝国主义等问题。数字技术的迅猛发展使生产力爆炸式提升，赋予了人类更强大的力量和能力，但同时也导致了国际社会的矛盾和冲突形态的改变。由于数字技术在多个领域广泛应用，许多传统行业和经济形态将被颠覆，这会给全球范围内的政治、经济和社会带来新的挑战。

由于各国在数字技术方面的发展速度不同，在国际社会中的竞争与合作方式也不尽相同。世界各国在数字技术上的争夺不仅仅是经济层面的竞争，更是全方位的竞争。**在这个竞争和博弈的过程中，国际社会的秩序和规则变得空前重要。**

如何在数字技术的发展过程中建立新的价值体系成为当下亟待解决的问题。我们正站在一个全新的十字路口，迎接着更加开放、合作、创新和共享的文明时代，我称之为"人类价值文明"时代。

人类价值文明在数字技术的驱动下形成，是人类对价值形成的可信共识。通过建立价值共识机制，不断促进价值秩序的建立和治理秩序的构建，人类就能够消除巨大耗散系统的影响，形成新的价值文明范式。

在人类价值文明时代，通过各种数字技术，数据将成为其核心载体。数字技术为数据的收集、处理、分析、共享和保护提供了比较全面的解决方案。基于数字技术与万物融合的价值革命，以数字为基准的数字价值体系正在引领生产关系的变革，重塑全球价值链，进而塑造世界格局。

人类需要共同努力，充分认识数字技术革命的重要意义和在数字技术推动下形成的可信共识价值这一核心要义，即文明内核的重要性。我们需要倡导共识的理念，同时在价值观和思想理念上朝着更加信任、平等、自由、开放、包容和多元的方向发展。这将构建适应新形势的、基于新价值共识的新生产力与价值生产要素、人类价值秩序新规则、社会治理新体系、交易分配新模式、社会交往新模式、精神世界新境界、人与自然相处新理念，以及价值共同体新生态。这些是价值文明实践的重要组成部分。

价值文明，可以说是在数字技术革命的进程中，以对人类生存的根本性和总体性问题进行缜密研究并以提出正确的价值观念为根本使命，引导人类有智慧地生存的学说，是回答人类将向何处去的学说。

第一节 新生产力与价值生产要素

价值革命带来了全新的生产力和价值生产要素。

价值文明时代的生产力与价值生产要素可以分为三个阶段。价值文明初期是在数字技术引导下负熵可永续发展的生产力与价值生产要素。价值文明中期是以价值主体——全人类的创造力与创新性发展为生产力与价值生产要素，旨在实现价值文明的生产力及价值生产要素的迭代更新。价值文明高度发展阶段是以实现全人类自由全面发展为生产力与价值生产要素的，全人类文明创造力大爆发，技术高度发展，人类价值文明高度蓬勃发展。

随着科技的进步和经济的发展，我们见证着物质的丰富程度和生活的便捷程度不断提升，人类创造物质财富的手段越来越多样。而这些新物质财富组成的物质文明呈现出与以往不同的特点。在当今时代，物质变得越来越虚拟化和模拟化，人们可以通过模拟技术不断复制现实世界，比如3D打印和定制制造。3D打印使得个人和企业能够以更加灵活的方式进行物质制造。这与传统的标准化生产制造有所不同。传统制造使得物体的大部分物质形态不存在明显的差异，而差异化、个性化、定制化则是新物质文明的特点之一。此外，新物质文明的价值意义也会发生变化，物质财富的价值和存在远远不如物质的符号性和象征意义。在这个时代，物质生活更多受到消费文化的主导，人们的生活受到商品和符号的塑造。物质的价值和存在变得表面化，人们更关注商品的象征意义和符号价值，而非其实际功能。而且，新物质文明的存在形态也发生了变化。与传统的有形物质不一样，虚拟、在线和数字化也成为物质存在的重要形式之一。智能物联网、虚拟现实和增强现实、数字资产和数字城市等都是新物质文明的重要组成部分。这些新物质文明的变化和呈现出来的新特征改变了人们的生活方式、经济模式和社会交往方式。

物质文明是人类社会生产实践的结果。正如马克思和恩格斯的经济理论所表达的，这一实践的过程包括生产要素、生产力和生产关系等方面。

1. 新生产要素

生产要素是一个历史范畴，它随着经济形态的发展而不断演进，有着不同的构成和作用机理。每一次新生产要素的形成都会驱动人类迈向更高阶段的生产发展。威廉·配第形象地描述了18世纪以前的生产："土地为财富之母，而劳动则为财富之父和能动的要素。"[1] 在长达数千年的农业社会中，土地提供了农作物种植和畜牧业发展所需的生产空间，农民则通过辛勤劳作，实现了经济的增长。18世纪60年代，工业革命带来了机械和资本，它们逐渐成为经济发展的关键生产要素。机械代替了人类，可以提供更高的生产力，资本则为工业化进程和规模的扩大提供了资金支持。在当代经济体系中，除了土地、劳动力、机械和资本，还出现了知识、技术、创新等新的生产要素。

从20世纪90年代开始，数字技术和人类生产生活以前所未有的广度和深度进行融合，衍生出了新的经济形态——数字经济。信息技术、互联网和数字化的发展模式已经成为推动经济增长和财富创造的主要因素。数字技术已经深刻改变了生产模式、商业模式和社会组织形态，数字技术也已经不再是单纯的信息传递和处理工具，而是成为直接参与到生产和服务过程中的要素。数字成为新的生产要素，同时也成为新的价值尺度。生产环节的复杂数据变得更加容易获取和传播，数据的流动带来的有效决策和资源分配提高了生产效率和创新能力。所以，数字不仅仅是一种工具，更是一个独立的生产要素体系。数字成为新的生产要素已经成为一种不可逆转的趋势。

数字成为新的生产要素主要表现在以下几个方面。首先，数字技术已经渗透到生产、流通等各个环节中，数字化设计、数字化制造、数字化物流、数字化服务已经成为现代经济的主要形态。例如，在数字化生产中，数字化设计、数字化制造等已经成为生产的重要手段；在数字化交易中，电子商务、移动支付等正在逐渐替代传统交易方式；在数字化服务中，智能客服、智能投顾等数字化服务正在为消费者提供更高效、更便捷的服务；在数字化金融中，掌上银行、数字贷款、数字资产越来越普遍……其次，在数字经济时代，数字技术带来的效率和效益成为衡量生产和服务的重要标准，数字化产业和数字化经济成为推动经济增长和社会发展的新引擎。数字化经济的发展还带来了新的商业模式和组织形态，例如，共享经济、平台经济、直播经济等，这些新兴的经济模

---

[1] 威廉·配第,《配第经济著作选集》,陈冬野、马清槐、周锦如译,商务印书馆,1981年。

式在同等的社会物质基础上正在不断创造新的价值和更多的财富。最后，数字技术的发展又在催生新的数字技术融合和新的数字化产业，数字教育、数字农业、数字文旅等产业如雨后春笋般层出不穷。在数字化社会中，数字化产出和贡献已经成为衡量企业和社会价值的一个重要标准，数字成为新的生产要素和社会发展的价值尺度，反映了数字化时代的社会和经济变革，也反映了数字技术对社会生产力创造的重要性。

根据进化程度，作为关键的生产要素的数据可分为三个层级。第一层级的数据是数字化的知识和信息，可以依托信息通信技术呈现出相对静态的数据信息；**第二层级的数据是流通过程中的数字化知识和信息，流通是数字化知识和信息价值再创造的第一步；第三层级的数据是在流通过程中具备可信性的数字化知识和信息，可信是数字化知识和信息价值再创造的第二步。**前面提到价值是建立在共识基础上的，共识体现了共同信仰和信任。数据作为关键生产要素，流通性和可信性发挥了数据的社会价值，激发了其更高层次的价值，这也是价值文明的基础体现。

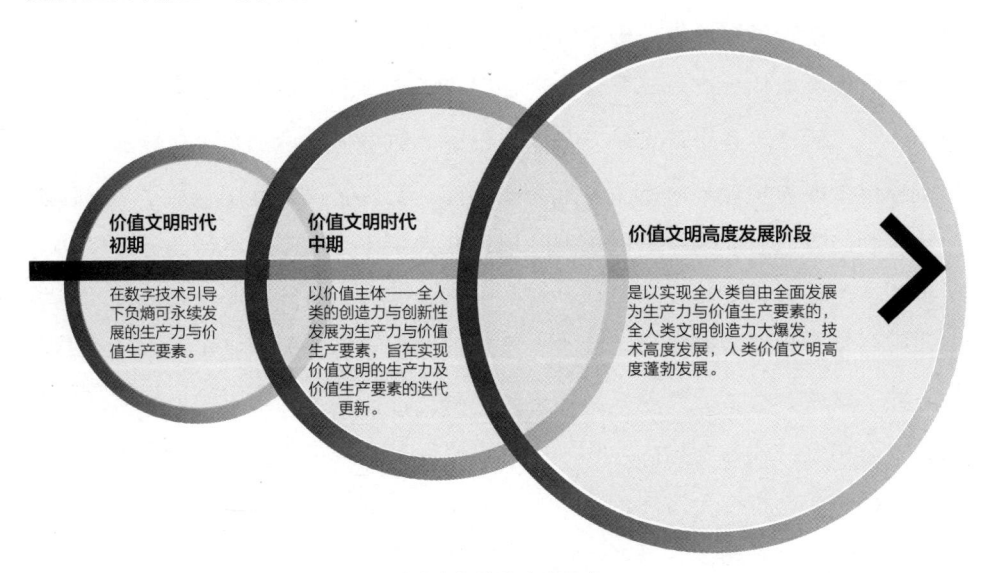

价值文明时代初期
在数字技术引导下负熵可永续发展的生产力与价值生产要素。

价值文明时代中期
以价值主体——全人类的创造力与创新性发展为生产力与价值生产要素，旨在实现价值文明的生产力及价值生产要素的迭代更新。

价值文明高度发展阶段
是以实现全人类自由全面发展为生产力与价值生产要素的，全人类文明创造力大爆发，技术高度发展，人类价值文明高度蓬勃发展。

生产力与价值生产要素

2020年，《中共中央 国务院关于构建更加完善的要素市场化配置体制机制的意见》对外公布，把数据与土地、劳动力、资本、技术并列为生产要素。新的生产要素——数据，对土地、劳动力、资本、技术等这些传统的生产要素展现出新的内涵。

在数据成为新生产要素的基础上，生产要素体现了人与技术的融合，并呈现出创新与价值的新含义。除了传统的劳动力、土地和资本等要素，数字技术时代要求人们具备信息获取、分析和创新的能力。因此，生产要素从传统的物质要素转变为以价值为关键的意识要素。这种转变是由数字技术的发展和全球化的趋势所驱动的，已经成为现代经济的一个关键特征。现在，价值的产生不再仅仅依赖于传统的生产要素，而更多地依赖于创新、知识和智力资本。以创新举例，创新能够带来新的商业机会，也能提升竞争力、提高生活质量、拓展新的市场和创造新的价值等。创新可以是技术创新，也可以是商业模式创新、市场创新、组织创新。无论哪种形式的创新，都可以为企业带来巨大的价值。而创新的基础是知识和智力，这也是企业成功的关键。企业需要具有高技能的人才、创新思维的领导者和灵活的组织结构，不断地调整生产要素的组合，才能够在激烈的市场竞争中取得成功，并维持创新和发展。创新的根本目的是创造新的价值，数据成为新生产要素的根本原因是，数据能够创造和展现出巨大的价值。企业可以利用爆炸式增长和易获取的大数据，以及先进的分析工具进行深入的洞察，从而了解客户需求、市场趋势和产业机会。这种数据驱动的经济使得价值创造更加精确，更有针对性。

与传统的生产要素相比，数据具有灵活性和可持续性的特点，并且在现代经济中具有更高的价值。比如在直播经济中，价值财富的来源是数据支撑的流量，主播传递的观念及其展现出来的内容，吸引能够同频的用户，从而汇聚成流量池。在一定程度上，每个流量池就是一个财富池。这种意识共振带来新的财富创造方式，甚至逐渐成为日常消费的主流，这是历史上任何一个阶段都不曾出现过的新形式。

通过数字平台和工具，企业可以更好地理解和满足客户的个性化需求，这种个性化定制的能力可以为每个客户提供独特的价值主张，为企业带来巨大的竞争优势。

通过数字技术，人们可以更轻松地共享、传播、合作、创造。这为各行各业的价值创造提供了更多的机会和可能性，使得价值创造不再局限于传统的生产要素。

通过数字技术，个人经济和分享经济兴起，让每个个体都有参与经济活动的机会。通过数字平台和社交媒体，个人可以利用自己的技能、知识和资源创造价值，并与他人分享。这种去中心化和个人化的经济模式促进了创新和创造力的发展，使得每个人都可以成为价值的创造者和提供者。

在数字时代，企业和个人的价值创造不仅仅体现在对经济利益的追求上，还体现在可持续发展和社会责任上。价值创造需要考虑环境、社会和治理等方面的因素，以实现人类文明的进步。

2. 新生产力

在每个阶段的文明中，物质生产方式是人类创造财富的主要手段，生产力则是衡量一定时间内经济系统效率和生产能力的指标。物质生产方式是对物质的有效利用、统筹调整，旨在促进物质财富的增长，为社会创造更多的机会，而且会根据社会发展的变化，将最新的资源组合共享，及时传播技术成果，推动社会发展水平提高。未来的社会发展应该更加关注资源的合理、均衡分配，利用有限的资源和科技的动力使生产力最大化，实现全人类共同享受物质文明。

在不同时期，不同的经济学家对生产力的构成提出了自己的观点，体现了不同要素在经济发展中的作用。法国经济学家弗朗斯瓦·魁奈提出了"土地生产力"。亚当·斯密在《国富论》中强调"劳动生产力"的概念，认为劳动力的技能水平、劳动分工和劳动组织对提高生产力和促进经济增长至关重要。英国生态学马克思主义的代表人物乔纳森·休斯提出了"技术生产力"。法国经济学家让·巴蒂斯特·萨伊提出了"资本生产力"，认为资本的积累和投资对推动生产力的提高和经济增长至关重要。总结起来，根据不同学者的观点，传统的生产力也可归纳为农业生产力、工业生产力。而农业文明和工业文明是这几种主要生产力在时间的推进下平行、交叉、融合的历史结果。在数字时代，传统生产要素与新生产要素所构成的新的生产力，成为数字经济社会发展的新动力。如今的主要生产力是数据组成的新生产要素与传统生产要素全面交织形成的新生产力——数字生产力。

数字生产力是实体经济与数字基础设施融合产生的新生产力。数字基础设施以互联网、5G、物联网、云计算、人工智能等数字技术为底层，为实体经济提供跨机构的信息采集、信息安全、信息交互、信息传输、信息共享、信息存储等降本增效的数据信息服务，以区块链为核心，有效提升生产效率和创造价值的能力。

由数字生产力构成的生产组织并非通过单一的渠道创造财富，而是通过数字技术与农业、工业、服务业等多领域的融合，多维度地创造财富和价值，以期在保持经济发展的同时解决人类面临的其他问题，如道德问题、法律问题、环境问题、不公平问题等。所以，以数字经济为核心的新经济形态的主要特点是，从人类的整体福祉出发，通过包容性增长和可持续发展实现经济的公平、高效和可持续性。在新经济形态中，经济学与哲学相互交融，我们可以通过哲学思考和经验数据的结合，探讨新型经济现象和实践中的伦理及道德问题，重新思考经济制度和组织的公正性及有效性，从而超越传统经济学范式的狭隘视角，为"服务于人类的可持续发展经济模式"提供新的思路和方法。

数字生产力的包容性由区块链 3.0 体现。区块链 3.0 时代是可编程经济的时代，是可编程生产力的时代，甚至是可编程社会的时代。可编程的社会生产力是融合科学技术生产力、劳动生产力、资源生产力和意识生产力的综合性社会生产力。可编程的社会生产力是技术高度发展的结果。

3. 新生产关系

经济活动是人类创造、转化和实现价值的过程，是满足人类物质和文化生活需要的活动。数字经济是将数据作为核心生产资料，通过创造数据价值，从而实现人类经济活动中的创造价值、转化价值和实现价值的过程。与传统的资本经济和互联网经济等经济形态相比，数字经济有着本质区别。数字经济并非局限于单一经济层面，而是在潜移默化中将伦理、道德、文化、制度和法律等原来社会中较为独立运行的系统进行交叉融合，造就了更为复杂的多维度、多元化的社会经济体系和制度体系。

数字经济和智能时代的兴起带来了全新的经济形态和价值创造方式。在"新生产力"方式（互联网、5G、物联网、云计算、人工智能等）下，催生出"新的生产资料"（生产要素数据），"新生产资料"具有的自由的可编程性和无限的包容性，又创造出数字经济时代的"新生产关系"。

在传统的生产函数 $Y=AF（K、L、N）$ 中，K、L 和 N 分别代表着资本、劳动力和资源这些基本的生产要素，是函数的自变量，产出 Y 则是这些要素变化所导致的经济结果。然而，在如今的数字时代，我们需要将生产函数的自变量进行扩展。生产函数的自变量需要分为传统变量（资本、劳动力、资源）和人工智能变量。全球似乎都意识到了类似 ChatGPT 等人工智能产品的智能创作、学习力进步对社会生产力和人类创新力的"威胁"，以及孕育着的新机遇。人工智能作为一种强大的技术和工具，已经成为影响经济增长的内生变量。

人工智能的作用远远超出了替代人类体力劳动和脑力劳动的层面，弥补了人类的很多局限性。如果没有人工智能、AGI（Artificial General Intelligence，通用人工智能）及 AIGC（AI Generated Content，人工智能生成内容），人类会继续长期处于一种人类中心主义状态。根据目前的发展态势来看，人工智能真正的意义在于彻底打破了人类中心主义，将人类推进到下一个阶段。人工智能和人类将同时并存，它改变了社会劳动状态，增加了新的生产主体。人工智能全面参与经济活动，打破了人类是经济活动的唯一主体的局面。而人工智能与人类之间存在着巨大差距，尽管人工智能诞生不过数十年，却有能力吸收整个人类历史的精华。无论如何，智能时代是不可逆的，今天已经没有一种力量可以把全球人类统一起来去阻止智能时代的到来，人类必须和人工智能这种新产物合作。

因此，传统生产函数所表现的生产关系已经无法完全适用于智能时代的社会生产。我们正处于生产关系的解构和重组过程中，这是由新的变量、新的生产力（人工智能）和新生产要素（数字、价值）带来的。

截至目前，数字经济形态下的生产关系已经呈现出明显的特点。数字经济带动了合作共赢、协同创新的模式，强调创新和知识的共享，促进了生产关系的协作式合作，呈现出协作式生产关系。数字经济在生产组织上具有网络化、平台化、边缘化等特征，使得生产者之间的关系变得更加复杂和多样化，呈现出非线性生产关系的特点。另外，没有了地理位置、时间的限制，生产者之间的协作变得更加灵活、高效和快速，虚拟化的生产关系是数字经济形态相较于传统经济形态在物质方面的革新。个性化的生产关系也尤为重要，数字经济在产品设计、生产和销售等方面更加注重满足复杂的个性化需求，生产者也更加注重个性化，大规模生产向小批量定制生产是越来越普遍的生产领域的发展趋势。总之，数字经济形态下的生产关系是多样化、协作型、虚拟化和个性化的，是对传统生产的颠覆。

总之，价值文明时代的生产力和价值生产要素经历了从数字技术的应用到全人类创造力和创新性发展再到全面自由发展的过程。在这一过程中，我们可以看到物质文明和精神文明同时得到了发展。

第二节　人类价值秩序新规则

人类社会的秩序从本质上而言就是一种关于价值的分布式决策、分布式运动的过程，通过各种各样的分享、互联、重组等，聚合为世界秩序。而 21 世纪，数字技术刚好就是对人类秩序这种演化逻辑的一个非凡的技术模拟，并且这种技术的出现，可以大幅加快人类秩序的演化节奏，甚至进入跃迁式演化的进程。

当数字技术关乎人类社会的所有方面时，当提供动力的资源、商贸的规则、经济规律、生活方式等关联在一起时，社会将变得有耳目和神经元，近乎极限地监控了人类的一切活动。在生产、生活、娱乐、文化等方方面面，凡是人类能够认识到的领域，都逃脱不了数字技术的干涉。数字技术与化学、物理、生物、工业、媒体等所有维度的融合打破了人类历史上技术协同融合的局限性。关于生命长度、生命种类、空间距离、极端思想和宇宙认知程度等的各种预测都没有可预估的顶点。超级人工智能、永生生命、定制生命、硅基文明、太空之旅……或许没有什么是不可能实现的。英国科幻作家亚瑟·克拉克曾提出："任何足够先进的技术，都与魔法无异。"人类固有的形态正在被撕裂和重塑。

在价值文明体系中，价值秩序有了新的诠释。这种新诠释得益于人类技术的发展，尤其是我们提到的数字技术引领人类技术遗产之间的融合，包括技术与生物、自然、人类本身的融合，以及数字技术自身的融合等。数字技术的这种包容性正在重新定义人类社会和生活的方方面面。

数字化正在瓦解当下人类社会的价值秩序，数字化呈现的价值体系表达了未来社会更高级形式的文明——自由、平等、民主的文明。这个文明不专属于某个更有优势的阶级，更没有区域性定义，这是属于全人类的文明形态。

价值新秩序是具备可执行性、可操作性的，数字化为人类在传统秩序的荆棘丛中开辟了一条正在慢慢纵深至全球各地的道路。除了资本家们追求的功利主义，民主与自由、平等与自由，是哲学家们一直在思考却又无解的问题，是正直的政治家们努力营造理想中的国度的目标。当然，还有更庞大的、不可被忽略的群体，饱含对民主与自由、平等与自由最殷切的盼望，这就是遍布在世界各地的普通群众。数字释放的价值潜力引导着人类构建越来越文明的世界，人类追求真正的民主与自由的终极目标始终未变。

早期的社会主义运动追求的目标是从资产阶级手中夺取生产资料，使其归社会全体人民共同所有。在社会主义制度中，劳动者掌握了生产资料，参与了劳动过程，生产的目的是满足社会需要和个人利益的统一，而不仅仅是满足某个阶级的私利。社会主义生产关系强调社会财富的公有化、劳动者的参与和协作，代表了一种平等、协作、共同富裕的社会形态。

数字技术可能会为社会主义提供一种全新的路径，通过数字化的生产力和共享、自由经济的实践，为实现资源的公平分配、自由竞争及人类解放提供了可能。传统的生产关系是以人和物的关系为中心的，而现代社会的生产关系则是以信息和技术为中心的。在新生产要素、新生产力、新生产关系的转变下，人类社会需要新的秩序、新的规则以适应数字时代的价值秩序。

劳动力发生质的变化。数字技术的发展使得越来越多的工作可以由机器来完成，许多传统的工作被自动化和智能化，其中包括重复性的劳动、单调的操作及需要高度精确性的工作。"机器换人"的时代正在逼近，劳动力越来越容易被取代。更关键的是，人工智能具有无限复制的属性，不会再出现劳动力短缺的问题。与工业革命带来的劳动力改革不同，数字时代对劳动力的要求不是数量上的增加，而是素质上的提高。这就要求新兴劳动力，即那些暂时不会被人工智能代替的人类劳动力，具有更高的技能和知识水平，例如，具备人工智能、机器学习、大数据分析等学科的知识，才能适应新的生产方式和工作模式，满足新的生产需求。同时，这个时代对创新能力提出了更高的要求，创新者需要具备跨学科的知识背景，以及自主学习、敏捷开发、快速响应市场的技能和更高级的思维能力。创新和想象力是人类战胜人工智能的武器之一。

利用这个武器，人类需要不断学习和进化，培养高素质的新兴劳动力，以维持人类在生产中的主导地位，适应社会分工体系带来的变化。

分工体系的边界越来越弱化。传统分工通常发生在特定的场所、环境和时间范围内，而数字技术的应用使得生产空间的边界变得越来越模糊。远程办公、自由职业、虚拟团队等新的工作形态使得人们可以更加自由地选择工作方式和工作时间，更加灵活地适应市场需求和变化。传统分工将任务分解为清晰的模块化工序，并由每个模块的工人进行重复劳动。数字时代中的生产工序往往是综合性的，分工更加专业，涉及更高级的技能和知识，需要更多具备创造力的创新型和复合型的专业技术人才参与。在产业链方面，传统的垂直产业链正在向水平产业链转化，供应链的合作和资源共享在纵向和横向维度打破了产业链的边界。利用区块链实现的去中心化平台消灭了中间商；数据共享为供应链上下游服务提供决策支撑；供应链和分销链的整合，减少了中间环节和成本。跨界合作共同开发新的产品和服务让企业发展不再局限于线性的产业链，拓展了企业横向发展的可能性，以实现多元化发展。此外，消费者不仅仅是消费者，也是产品的创造者。消费者需求与产品研发精准对应，推动产业链向更加可持续和更有利于社会的方向发展。

个性化定制越来越影响分工体系的制度和规律。传统的生产关系，从工业革命演化而来，主要关注的是集体需求和基本生存需求，也就是马斯洛需求层次的第一层。随着科技与经济的发展，人类需求向更高级别的层次转变。人们的生活水平得到了显著提高，对生活品质的要求也越来越高，越来越多的人有了更多的时间去追求个人的兴趣和爱好，这也成为生产力剩余价值发挥作用的重要空间。文化多样性和信息联通程度的提升，促进了人们对个人身份的认同和文化意识的增强。个性化需求的普遍趋势将持续下去，满足消费者的个性化需求是导致分工体系变化的重要因素。个性化定制在生产过程中会增加更多的流程和环节，生产过程可能变得更加复杂，例如，更多的工序、更高的品质标准和更多的零部件等。企业需要重新配置人力来适应这种变化。个性化定制需要更加灵活高效的产业链协调，以满足消费者各种各样的需求。

新秩序是人类追求自主性和自由性的新实践。工业革命以来，人类领会到了技术的快速发展带来的负面作用。即由于技术的进步，人们被迫不断适应新技术，不得不以技术的节奏去规划生产和生活，导致了社会不稳定、就业压力增大、个人压力加剧等问题。马克斯·韦伯在《新教伦理与资本主义精神》中描述现代经济秩序陷入了"钢铁的牢笼"状态。他认为，现代经济秩序现在正在接受机器生产的技术和经济条件的深刻制约，且正在以一种不可抗拒的强大力量决定着每一个降生于这一机制之中的个人的生活，甚至也决定着那些并未直接参与经济获利的个人的生活。这种决定性作用也许会一直持续到人类烧光最后一吨煤的那一刻。[1] 不可否认，我们现在已经进入技术型社会。技术在经济、文化等领域，已然成为主导力量，人类生产和生活的方方面面都受到技术的影响。尤其是在数字技术与其他技术融合后，人类社会便脱离不了技术和数字这两个要素的影响。

总之，基于可信的人类价值新共识，我们正在塑造新的价值秩序。

---

[1] 马克斯·韦伯，《新教伦理与资本主义精神》，阎克文译，上海人民出版社，2018年。

第三节　社会治理新体系

价值秩序的形成和发展离不开自古以来各种政体和国家对社会的治理。实际上，价值秩序基本决定了一个国家的治理模式，而随着国家治理体系的影响越来越大，治理模式又影响着一个国家和社会的价值秩序走向。

1. 以国家为单位的社会价值秩序

从历史的长期发展来看，传统的世界治理格局是由一些全球性的政治、经济、文化、军事力量所建构的格局，通常在长时间内逐渐形成。

古代的世界格局以河流流域和大陆为单位，主要以尼罗河流域、两河流域、印度河谷、黄河流域和地中海地区的势力为代表，如埃及、古巴比伦、古印度、中国、古希腊和罗马帝国等。封建时期的世界格局以欧洲为中心，由一系列封建国家和宗教势力构成。这个时期，罗马天主教教廷在宗教和文化上发挥着重要作用，神圣罗马帝国则是欧洲最重要的政治实体之一。同时，法国、英国、葡萄牙、西班牙等国家在封建时期的欧洲格局中也扮演着重要角色。18世纪至20世纪初期的世界格局以欧洲列强和美国为主。其通过殖民和领土扩张获得了全球性的影响力，这个时期的世界格局主要受大英帝国、法兰西第三共和国、德意志帝国、俄罗斯帝国和美国影响。20世纪上半叶，两次世界大战及其他因素最终导致了这个格局的崩溃。独立运动和民族主义浪潮使得殖民主义逐渐衰落，全球利益开始重新分配。在20世纪中期至20世纪90年代初期，世界格局则由两个超级大国——美国和苏联，以及其盟友主导，北约和华约等在国际政治和军事关系中起主导作用。冷战结束后，全球政治、经济和文化关系的发展和变化塑造了新的全球格局。一些新兴国家和地区不断崛起，世界格局开始向多极化转变。中国、俄罗斯、印度和巴西等国家都在不同程度上发挥着重要的影响力。全球化是冷战结束后世界格局最显著的特征之一。

进入21世纪，全球化遭遇了一系列挑战，其中包括贸易保护主义、民粹主义、国际恐怖主义、反全球化情绪，以及疫情的影响等。这些挑战导致了一些国家采取了阻断交流的措施，给全球化进程带来了新的冲击。近年来，不断新增的危机和冲突，影响全球的稳定和安全。同时，在新一轮科技迅猛发展的进程中，全球的竞争更加激烈。由于国家利益和意识形态的差异，政策制裁、企业黑名单和金融霸权等行为阻碍了经济全球化的有序发展。

虽然经历了从非全球化到全球化的历史，"分而治之"仍然是主流的世界治理模式，这一传统治理模式的基本原则是将全球划分为许多相对独立的单元，并由各自的政府、组织和利益相关方来治理。这种模式的目的是通过分散全球治理的责任和权力，以达到更高效、更具针对性和可行性的治理效果。然而，这种治理模式存在的问题在越来越全球化的今天愈发突出。首先，国家之间的联系和互动非常紧密，因此将问题划分给不同国家会导致治理效果的削弱。其次，不同国家和国际组织在不同领域上无法互通互融，可能会导致合作具有很大的困难和局限性。最后，从历史和现实的角度看，人类的发展一直在向着越来越紧密的合作的方向发展。全球化的进程使得人类社会的各方面相互联系、相互依存，许多问题已经超越了国家和地域的限制，如气候变化、传染病、网络安全与数据安全等问题。

解决全球性问题涉及国家、国际组织、非政府组织和其他利益相关者，包括通过制定规则、标准和机制来共同处理全球性问题，也形成了几个重要的理论派别。其中，传统主义认为全球治理主要通过国家之间的相互作用和国际法来实现，国家是全球治理的核心。这种治理模式的弊端是激化了国家之间的权力博弈。与此同时，传统的经济强国面临着新兴国家实力增强的挑战，未必能够及时适应新的竞争格局。功能主义注重解决问题，主张建立专门的国际组织来处理特定领域的问题，例如，环境保护、人权和贸易等方面的问题。利己主义者则把全球治理看作一个关于权力和利益博弈的过程，各方追求自身利益的最大化。社会建构主义认为全球治理是一种社会建构的过程，它的性质和形式是由参与者之间的相互作用和观念的演变所塑造的，包括共同的价值观、规范和身份认同。随着互联网的兴起，互联网治理学派出现。互联网治理学派关注互联网的全球性和去中心化特征，强调多边治理、多元参与，主张采用开放的标准和技术，强化网络安全和隐私保护等方面的治理措施。新兴经济体和非国家行为的涌现也对全球治理产生了影响，例如，跨国公司、非政府组织、地方政府、社会运动和网络社群等发挥着越来越重要的作用，形成了后国家主义理论。后国家主义认为全球治理应该适应全球化趋势，超越传统的国家中心主义，承认非国家行为者的重要性。

事实上，面临着国际关系的重构、全球治理体系的变革、经济全球化的调整和文化多样性的保护等方面的挑战，全球治理确实已经超越了传统的国家中心主义和地域的边界，传统的权力中心主义治理模式已经无法完全适应复杂的全球治理。数字技术的出现为困境中的全球治理提供了新的机会。

一方面，数字技术提供了新的工具和平台，加速了国际间的交流，推动了多边主义的发展。多边主义强调国家间的相互依存和合作，且逐渐成为新的国际关系基础。在这个世界上的任何地方，言论和表达的自由都应得到保护，因为只有这样，人们才能够了解真相，展示个人的观点，并与他人进行建设性的对话。个体言论自由与表达自由对于推动国际合作与全球治理具有积极作用。通过互联网、社交媒体和数字平台，人们可以自由地表达观点、分享信息和进行对话。这种自由的传播和交流方式是以往的全球治理无法拥有的优势。人们首先得知道世界的现状是什么样的，然后才能够发表言论，并且符合现实的言论能够被采纳，如此才有机会实现一个人人参与治理的全球化世界。言论和表达的自由是全球治理模式的首要突破。

另一方面，数字经济和电子商务等新兴经济形态为全球经济提供了新的增长动力和分配方式。数字经济将传统经济活动转化为数字形式，为自由贸易提供了新的机遇和方向。数字经济消除了空间和时间上的限制，企业可以实现全球范围内的交易和合作，消费者可以搜索和购买全球范围内的产品，而不再局限于本地市场的有限选择。这意味着贸易市场的包容性更强，越来越多的企业能够便捷地参与全球供应链，越来越多的消费者也能够参与造就更广阔的贸易市场。

在上述内容的基础上，数据成为关键生产要素，导致一些国家之间出现了新的冲突和矛盾。数据安全问题成为如今国际关系中的重要议题。因为在数字化时代，国家和个人的敏感信息及核心数据都存储在计算机系统和网络中，容易受到黑客、网络攻击和数据泄露的威胁。一些国家可能利用网络攻击手段窃取其他国家的机密，破坏其关键基础设施，甚至进行网络间谍活动，导致国家间的政治紧张和冲突。数据中蕴含的商业机密也容易被网络黑客窃取，从而失去经济上的竞争优势，引发国家之间的经济矛盾和贸易争端。在军事上，各个国家避免不了使用信息技术和数据传输，由此军事通信、导航系统和军事指挥系统很容易遭受网络攻击和数据泄露，危害国家安全。面对这些数字安全挑战，仅靠一个国家往往难以单独解决问题，而是需要各国共同合作解决问题。

数字时代的世界格局是由数字技术的发展所引起的经济、政治、文化等多个领域的变革和重构组成的，数字科技在不断地改变国际关系和国家间的力量平衡。数字技术的普及和发展让更多的国家和地区有机会参与到全球化进程中，为各国提供更加开放、平等的市场环境，也使得新兴市场和发展中国家得以在全球市场中发挥更大的作用。同时，数字技术加强了国家的竞争力，形成了数字巨头企业的寡头垄断，导致了一些国家拥有绝对优势和一些国家在数字化领域较为被动。比如全球的跨境电商产业由亚马逊、阿里巴巴等寡头企业垄断，微软的 Microsoft Office 几乎是全球通用的办公软件，Facebook、Youtube、抖音等成为瓜分数十亿用户的社交软件……

在数字时代的世界格局中，各国之间的经济联系和政治互动更加紧密。全球治理需要打破"分而治之"的传统治理模式，通过共同努力、协商、合作和制定共同规则等方式，突破传统的地域和种族限制，构建一个公平、开放、合作、共赢的数字时代国际新秩序。正如习近平主席提出的"人类命运共同体"理念，人类在面对全球性挑战和问题时，应当摒弃国别和种族之间的隔阂，以团结合作、共同发展的方式实现全球共同繁荣、安全和可持续发展。"共同治之"的全球治理模式是解决全球性问题的根本之道。

2."共同治之"的治理模式

大到全球发展的方向探索,小到各个国家和地区的社会治理,都在发生着变化。社会秩序由社会规则所构建和维系,是人们在长期社会交往过程中形成的相对稳定的关系模式、结构和状态。秩序的原意是指有条理、不混乱的状态,是"无序"的相对面。"人类社会的秩序是人们在与自然界交换物质与能量,也是在他们内部合作与竞争的过程中形成的。"[1]

过去 20 年,是以互联网、信息技术和全球化为代表的第三次产业革命高歌猛进的 20 年。这 20 年中,技术变迁导致了秩序失衡乃至政治变迁。这种变革带来的秩序失衡和政治变迁在历史上出现过很多次。但是,就技术变迁所致的失衡状态及可能的解决之道而言,这次变迁与历史上的几次变迁又有很大不同。

传统的社会秩序基于经济、政治、劳动、伦理等维度而自发形成的制度、标准、法律等可以平稳运行,其由信念组成的价值系统所构成,可以保持社会的相对稳定。传统的社会秩序是脆弱的,没有强大的根基让它屹立不倒。朝代更迭、经济改革、社会阶层不平等、伦理崩塌……几千年来,人类社会在传统秩序的艰难探索中一步步迈入现代社会。相对于氏族社会、奴隶社会、封建社会,现代社会是个比较自由、富足的社会。但现代社会也处于摇摇欲坠、即将倾塌的状态。

现代社会需要新的治理模式。

治理,在政治学领域,通常指国家治理,即政府运用职权来管理国家,是以维持政治秩序为目标,以公共事务为对象的综合性的政治行动。传统的社会治理模式,是政府、产业联盟、行业协会等各类机构通过制定政策、法律、规范条例、行业标准、规章制度等方式进行社会治理,本质上,这是"强制共识"的逻辑。基于已定的强制共识,政府或其他相关管理机构依据特定法律、规则维系相关领域的社会秩序,是一种自上而下的管理体系,也并非严格意义

---

[1] 张曙光,《社会秩序的现代变迁》,《人民论坛·学术前沿》2015 年第 7 期。

的"治理"。只有实现政府、市场、社会等多方力量汇聚，形成互相促进、互相支持、互相约束、协同发展的社会生态格局，才能真正满足社会治理的发展需求。这种理想状态下的新型社会治理，仅仅依靠政策、法规是远远不够的，而是要在政策法律、价值共识、技术创新等多个维度满足一定条件才能形成。在各种条件之中，价值共识是最难达成一致的。不同社会组成部分的价值取向是不一致的甚至是互斥的，比如监管方和被监管方的价值取向通常是相反的。这种价值共识的建立问题，绝不仅仅是一套管理理念或者政策法规便可以解决的，需要政治、经济、文化、科技等多个维度的共同配合，而当前的技术革新，为价值共识的形成，创造了绝佳的时代机遇。

区块链 3.0 时代，正是在遵从传统的政策法律、标准体系与规章制度的基础上，深挖社会、产业、行业、政府的共同诉求，采用统计学、统筹学、密码学及计算机编程技术等，挖掘具有共识性的"要素信息"，建立去中心化的社会生态运行环境，让被管理方、被监管方成为社会治理的组成环节，从而建立共同的价值模型，并在不同的应用场景下，发挥社会生态中各个角色的治理作用，形成各个场景的管理者、监管者和被管理者、被监管者所具有的价值共识的新型社会治理机制。区块链模式治理体系通过提炼实现共识机制所需的"要素信息"，建立链上数据标准，实现创新式、穿透式的共识机制，从而打破信息孤岛，实现数据互信互换；通过分布式可信加密网络，促进产业关系、生产关系、社会关系的变革，形成自组织、自管理、自监督的新信用体系，创造出互信互换的价值传递新经济模型和社会治理体系。这种模式的创新，先是尊重传统的法律法规、规章制度与标准体系，通过区块链建立起新的共识体系后，再反向影响传统的法律法规、规章制度与标准体系的改革，提升生产力，促进生产关系的再造，打造制度、法规、运营相互促进的良性循环环境。因此，区块链不但会形成价值互联网，带来历史性的数字革命，也是一块价值文明时代的敲门砖。

新型社会治理的实现，并不是全社会通过对区块链（公链）的打造一次性实现的，而应该基于不同场景和环节，分别实践。区块链 3.0 时代，联盟链是主要趋势。整个应用落地的过程与联盟链的建设主要分为十个步骤：场景调研

→咨询规划→业务梳理→技术论证→联盟搭建→技术开发→试运行→生态建设→迭代调整→通证介入。

以跨境贸易为例，作为人类社会最为复杂的社会活动之一，整个跨境贸易链条由生产制造、交易、出口、跨境物流、保险、支付、进口、采购等数十个贸易环节组成。贸易角色可以分为生产方、贸易方、银行、物料公司、监管方、海关、服务方等多个角色，每个角色都有不同的价值取向。在大数据时代，每个组成部分都依据自身的价值取向，建立了自己的大数据系统、信息化管理和运行系统。出于对自身利益的保护，没有任何一方会主动公开自身所掌握的数据信息。因此，信息孤岛的形成是必然的，每一座信息孤岛的形成都是出于数据拥有方对自身利益和价值的保护。而只要信息孤岛存在，便永远不可能形成价值共识机制，更不可能促进新型社会治理方式的产生。区块链的应用，是目前人类已知的解决信息孤岛问题、形成价值共识体系的有效方式。在特定的跨境贸易环境下，经过调研论证、业务梳理等充分准备之后，组建形成多方共识的区块链联盟，在技术层面形成各方互信的信息互通机制。而基于区块链的信息互通机制之所以能被各方所接受，主要是因为其在信息互通的过程中，并未向整个场景和环节公开数据信息，而是采取加密记账的方式。在打破信息孤岛的同时，各方依然保留向其他各方保密或公开相关数据信息的关键权限。在对自身利益有利的情况下，其可以主动开放相关数据信息给特定方。同时，实现数据的互通和保密是区块链应用的最大价值之一，也是价值共识得以实现的环境基础。而数据信息的互通，让跨境贸易从业者在贸易过程中获取其他服务，如在获取供应链金融、保险、物流服务时，也可以双向降低服务成本和风险。这种模式下的数据互通不再是由政策、法律强制执行的"强制共识"，而是各个节点主动开放的价值共识。

在监管环节，跨境贸易主要监管方海关与被监管方之间的管理关系也将发生重大变化。在传统的监管、被监管治理关系下，海关和贸易方因为价值追求不同，形成了天然的对立关系。因为各国政策、法律不同，跨境贸易相关从业者需要同时适应不同国家的法律规范，同时争取自身利益的最大化。海关作为行政执法机关，在严格执法和营造良好营商环境两个维度之间尺度的把握，也是困扰各国海关的重大难题。而区块链在跨境贸易场景中的应用，一方面，可以帮助海关由单一单证的结果数据监管，转变为全链条数据的穿透式监管，以数据监管代替传统入侵式监管，在提高监管力度和准确度的同时，减少监管时间，简化监管流程，优化跨境贸易整体营商环境。另一方面，跨境贸易从业者从单一的被监管角色，转变为跨境贸易环节治理的参与方，通过参与联盟链的组建，通过特定环节、特定数据的开放，最大化地缩短通关时间，减少被加强监管的频次，降低运营成本，同时提升行业竞争力。在联盟链体系的构建下，监管方、被监管方在对立角色中形成了价值共识，成了贸易生态治理的共建方。

除了在跨境贸易领域的应用，区块链的应用范围非常广泛，各种联盟链也越来越多，区块链 3.0 进入成熟阶段。未来，将会建立链与链之间的跨链价值共识。区块链 3.0 时代的主要任务是推进突破链上的节点共识，区块链 4.0 时代将实现多链之间的跨链信用穿透，即链网时代、跨链通证时代，这将是区块链的终极目标——"无边界价值传递与价值互换"。要实现这个目标，需要解决在单链上积累的价值信用，利用跨链通证形式在多链之间进行价值衡量，从而实现价值信用的跨链流通。这与代币的概念完全不同，空气币最大的问题是无中生有、无任何信用担保，法币和数字货币背后是政府信用托底。而区块链信用通证数字价值资产的形成，是通过区块链各节点记录、验证、存证各节点自身的行为过程，记录了价值创造和传递的过程，由共识机制赋予了各节点数字价值资产——数字信用通证资产。这个数字信用通证资产是节点自身由链上过程行为创造出来的价值，是由生态共识形成的，即生态节点之间互信互认的数字信用通证资产，由此才会实现价值传递的流通共识。因此，数字信用通证资产的信用托底不是"强制共识"，而是生态共识、社会共识、商品交换、服务交换依托社会生态的共识信用，结合政府信用的数字货币，可实现链与链之间的价值互换。区块链 4.0 时代，将实现链与链之间的价值流通共识，链与链之间的信用穿透共识，从而进一步推进社会治理规则的变革，而这些规则都以可编程方式在区块链上呈现。

区块链是成熟技术巧妙组合出的新思维、新逻辑与新方法，未来会在社会治理模式中产生"范式革命"。区块链发挥了解构、重构社会关系、信用关系的决定性作用，这是一场价值革命、信用革命。并且因为整个价值文明和信用文明是由各个社会节点共同自发构成的，而非依据某项强制的法规构成的，这种共识生态在构建之初，便决定着它具备极强的生命力和延续性。它对社会治理将产生巨大的反向促进作用，这种促进作用是超脱于社会形态之上的。

进行社会治理的各个管理部门、机构在管理、服务的尺度把握上不再需要依据经验实施调控政策，因为整个社会都形成了基于政策、法律、行业规范的价值共识：合法、合规经营等同于降低运营成本，等同于优先享受数字经济服务，等同于提升竞争力，等同于提升自身价值。这种价值共识不仅可以在经济活动中形成数字信用通证资产，在国家与国家之间也可以形成国家信誉资产，最终形成真正的全球化互联、互通价值共识，从而成为全人类社会发展的新生态。届时，各项法律法规不再由政府相关部门强制制定，而是由全社会不同环节共同维系，达到人类社会治理前所未有的新高度。

3. 治理权力的转移和重新分配

随着国家治理和社会治理模式在潜移默化中改变，在当今世界格局中，权力也发生了变化：权力从传统的政府机构向技术公司等新兴力量转移。在目前的数字时代，科技公司、互联网平台等新的力量正在逐渐成为重要的权力中心。这些公司拥有海量的用户数据，可以通过数据分析获得巨大的影响力和控制力。例如，Facebook、Google、亚马逊、苹果、腾讯、阿里巴巴等数字科技巨头可以通过收集和分析用户数据来制定产品策略、广告投放和推广策略等，影响市场及用户行为。同时，这些公司可以通过算法决策来影响用户的信息获取和流量分配，对社会的信息传播和思想引导产生深远的影响。

在治理工具和手段，即法律上，全球治理需要新的法律符号。在数字化世界中，代码成为规范和引导人们行为的重要工具。劳伦斯·莱斯格提出的"代码即法律"的论断指出，数字技术的设计和规范实际在某种程度上具有法律的性质和影响力，它们决定着人们在数字环境中的权利和义务。这个论断提醒我们，数字技术的设计和规范不仅仅是技术层面的问题，而且具有重要的社会、伦理和政治意义。数字技术公司在社会治理新体系中发挥着重要的作用，应该对其代码和算法的设计负责，并承担起相应的社会责任，确保代码符合法律、伦理和公共利益的要求。

总之，基于数字技术革命和人类价值新共识，社会治理正在形成新的体系。这个新的体系强调多方参与、信息共享和合作治理，治理的过程更加开放和透明，能够促进彼此之间的信任和合作。社会治理正朝着更加开放、包容的方向发展，以实现社会的更公正和可持续发展。

第四节　交易分配新模式

在价值文明时代，传统的交易分配模式已经难以满足人类社会的需求。而新价值共识交易分配模式的出现为人类价值文明提供了新的交易分配方式，这将极大地增强交易过程的有序性和公正性。

新价值共识交易分配模式是指以新的价值观和文化认同为基础，通过数字技术和电子支付方式进行交易分配的模式。这种模式的出现，可以让人类重新审视交易过程中的价值取向和文明规范，从而根据新的价值共识对交易进行更加公平和公正的分配。同时，我们还可以通过数字技术，实现更为高效和智能化的分配。

基于可信价值的新交易和分配模式是数字经济时代的重要创新，它们通过数字技术和智能合约等新技术实现了更加公平、透明、高效和智能的交易分配。

数字经济的快速发展，带来了全新的数字贸易模式。可信价值成为数字贸易的核心，基于可信价值的数字贸易模式将逐渐成为未来数字经济的主流。

数字贸易是指在数字化和网络化的背景下，采用数字技术和电子支付方式进行交易的全新商业模式。数字贸易的最大特点在于它的高效性和便利性。传统的贸易往往需要花费大量时间和人力资源，而数字贸易的出现可以让交易更加快速和便捷，同时也大大降低了交易的成本，促进交易的达成。

数字贸易与传统贸易相比，还有一个显著的优势：它越来越注重消费者的个性化需求。消费者可以更加容易地找到适合自己的商品和服务，而这样的需求通常很难在传统贸易中得到满足。数字贸易的另一个重要特点是它的全球性。数字化和网络化的发展，使得国与国之间的贸易关系越来越紧密。通过数字技术和电子支付方式，数字贸易可以更加便捷、快速地打开全球市场，加强全球化交流和合作。

可信价值交易是一种基于数字技术和区块链等技术的新型价值交换模式。在可信价值的数字贸易模式中，双方彼此相信对方是正当合法的交易对手，交易前后能够避免欺骗、虚假交易等行为。这种交易基于可视的、不可更改的记账系统，所有交易记录都能够被全部参与方进行验证和监管。

基于可信价值的数字贸易模式将大大提高交易的透明度和流通性，其不仅广泛适用于普通商品和服务交易，也可以应用于股票证券的交易、企业间的支付清算和国际贸易等多个领域。

社会交易的基础是互相信任，可信价值模式可以完全消除数字贸易中的信任难题，让数字贸易更加稳定和可靠，但是同时也面临着技术不断创新和法律法规的跟进等问题。因此，政府应该加强对数字技术的建设和规范，同时加强信息监管，定期对可信价值模式进行评估和优化，以推动数字贸易的可持续发展。以下是一些基于可信价值的新交易分配模式。

基于区块链技术的交易分配模式。区块链技术可以实现交易数据的去中心化存储和管理，保证交易记录透明和可信；同时，也可以基于智能合约实现更为自动化和智能化的交易分配。

基于人工智能的交易分配模式。人工智能可以通过对交易数据的深度学习和分析，实现更为高效和精准的交易分配，消除人为因素的影响和误差。

基于算法的交易分配模式。这种模式以用户的兴趣和行为数据为基础进行交易分配。例如，一些搜索引擎和平台通过对用户兴趣和行为数据的分析，实现更为精准的广告投放。

可信价值交易和分配将是数字经济发展的必要模式。随着可信价值交易和分配模式的创新应用，人类社会将会进入一个更加文明和公正的交易分配时代。

第五节　精神世界新境界

新的价值观和精神境界是人类社会发展的重要支撑，它们为人类价值文明创造了心灵环境，并将促进人类社会更美好、更文明。

新的价值观和精神境界强调了人类社会内在的文化认同和价值共识，反映了人类社会的进步和文明发展的方向。这些新的价值观和精神境界包括对环境、社会和人类自身的关注，强调每个人的自由、平等。新的价值观和精神境界的出现，提供了心灵交流的平台，促进人类社会更全面地发展。

同时，新的价值观和精神境界充分利用了数字技术和网络平台的优势，人类社会将会在思想、文化和美德方面迈向新的高度，为全球的可持续发展提供有力的精神文明支撑。

在基于价值共识的人类精神世界中，人们可以自由地表达自己的文化认同和价值观念，充分地反映人类社会的多元化和文化多样性。同时，基于价值共识的人类精神世界也强调了社会公正、公民权利和人权保护等重要问题，这有助于促进人类社会更加公正、和谐与繁荣。

基于价值共识的人类精神世界是一个开放和包容的世界。这种开放性和包容性还可以鼓励创新，因为人们可以从不同的角度获得启发，共同探索解决问题和实现进步的途径。在这样的精神世界中，人们的关注重点不仅在个人层面上，也在社会层面上。通过价值共识和相互理解，人类社会可以更好地协调利益和目标，避免冲突和对立，创造更加和谐的环境。

基于价值共识的人类精神世界还强调文化的传承和发展。在这样的精神世界中，人们被赋予了自主权，可以根据自己的信仰、价值观和传统自由地表达文化观念，并将这种观念分享给其他人。这样可以促进文化繁荣，也可以帮助人类社会更全面地认识自己的历史和文化，避免出现文化同质化和单一化问题，有助于创造更加包容的文化环境。

我们需要充分利用数字技术和其他科技手段，推动新的价值观的普及和传播，为全球的文明进步奠定更加坚实的基础。通过数字技术，我们可以将新的价值观传播到全球各地，超越地理和文化的限制，与更多人分享不同的思想和理念。

第六节　人与自然相处新理念

随着时间的推移，人类社会对自然资源的需求越来越大。这种过度消耗已经造成了严重的环境问题，迫使人类必须重新审视与自然的关系，并以新的价值观为指引，重新定义与自然的互动方式。在这一过程中，我们将追求一种全新的与自然相处的方式，充分发掘自然的价值。

基于新价值的人与自然相处新理念，我们可以提出一个更加人性化和生态友好的做法，即将自然视为有价值的资源，并尽可能地优化、利用和保护。首先，我们必须认识到自然资源是有限的，且需要被合理利用。这意味着我们需要摒弃过度消耗和浪费的观念，转向可持续利用资源的观念。其次，我们需要重塑对自然的尊重和敬畏之情。我们需要采取措施保护和修复自然环境，重建生态系统的平衡，并尊重自然的自主性和复杂性。最后，我们需要培养一种更加综合的思维方式，将自然价值与人类社会的发展相结合，增进对自然的理解和尊重。这种新的理念强调了人与自然之间的互动、依存和共生关系，强调了保护自然、珍视自然的重要性，以及将其作为人类文明的重要部分。

通过新的价值观的指引，人类社会将实现与自然的和谐相处，减少环境污染和生态破坏，形成更加健康和可持续的生活方式。同时，新的价值观也会使人与人之间更加和谐，实现人类社会的全面发展和进步。从此，人类社会将更美好，世界会更美丽。

我们需要不断引领和推动这种新的理念，使其成为人类价值文明社会发展的重要支撑，为人类的可持续发展和幸福生活打造更加坚实的自然生态基础。只有这样，人类社会才能在自然的庇护下真正地走向和谐、繁荣和美丽的未来。

第七节　新生活哲学理念

人类存在的本质，包括幸福、道德、自由、责任、意义等，是人们对人生意义、价值和目的的思考和探索。生活哲学是对人类存在的本质意义的探索，是人类文明的重要组成部分。

柏拉图认为文明的本质是理念，强调精神和思想的重要性。他认为真正的文明不仅仅是物质的繁荣，还要建立在道德和哲学的基础上。柏拉图关注的是人类内心的升华和思维的发展，通过追求真理、美和善来实现个体和社会的完善。通过思考和追求知识，人们可以超越物质层面，达到更高的境界，实现真正的幸福和进步。相比之下，卡尔·马克思则认为文明的本质是以经济为基础的，强调物质生产和社会经济结构对文明的塑造起着决定性作用。马克思认为经济的发展和生产力的提高是社会变革和进步的关键因素。他关注的是社会阶级矛盾和经济剥削现象，认为通过消灭剥削和建立公平的经济体系，可以实现人类真正的解放和进步。在历史长河中，马克思主义政治经济学的理论在一定程度上塑造了现代社会的结构。通过生产力的发展和对资源分配的合理规划，人类经济发展取得了前所未有的进步。

柏拉图和马克思提供了不同的视角来理解文明的本质。无论强调理念还是经济，文明的发展都需要人们在精神和物质层面上进行不断探索。先哲们更注重思想的升华，而以马克思为代表的哲学家则从物质角度出发，旨在为人类创造更高水平的生存条件或生活条件。数百年来，马克思主义政治经济学塑造的社会结构，是人类取得进步的重要因素，人类在追求资本、追求利益的道路上改善了生存条件，获得了前所未有的生活水平，使人类文明度过了黑暗。

工业主义将生产推向社会的巅峰，并将人类作为劳动者转化为生产要素。在工业主义的框架下，国家、企业、工人都在追求衡量生产价值的数据，如GDP。GDP被视为衡量经济生产总值的指标，而人均GDP则被广泛用作衡量生活质量。生产成为工业时代人类生活的主要方式，国家、资本、市场和劳动者处在生产者的角色中，彼此相互关联，相互依存。工业主义剥削了人们的时间、技能和价值，相当于剥削了人的所有，忽视了个体的尊严和需求。集体性劳动者是工业文明最大的贡献者，而工业革命的主要受益者却是发达国家和少数的富人。

经济原则是从工业时期一直延续至今的核心原则，资本主义经济体系以追求利益最大化为导向。在这个体系中，时间和资源被视为宝贵的东西，人们努力创造更多的财富和物质资源。然而，这种利益的追求往往牺牲了享乐和个人的自由。底层劳动者需要付出尽可能多的时间换取微薄的酬劳，他们便没有空闲时间追求自己的兴趣爱好。他们的生活被限制在满足基本的生存需求上，一切行为都需要精打细算。在这种以经济为中心的工业文明中，生产方式成为衡量人类社会的主要标准。人们通过财富、经济和权势来彰显自己的价值。在这个过程中，精神文明的发展往往被忽视，精神文明逐渐匮乏。

在以经济原则为核心运行的工业社会中，生活被视为生产的附属，这一点可以从城市结构、人口迁移、生产活动和环境变化等客观因素体现出来。城市成为工业社会中最引人注目的舞台，处处都充斥着工业的象征。高耸的烟囱、工厂里的流水线、昼夜不停的机器轰鸣、烟囱喷出的灰色烟雾……这些对资产阶级来说是繁荣的象征，属于他们的财富在源源不断地被创造出来。然而，对于底层劳动人民或工人阶级来说，这些都是让他们生活麻木的因素，他们只能不停地围绕着这些工业牢笼为生活奔波。即使是麻痹式的生活，舞台上的就业机会、摆脱饥饿、发财致富等种种诱惑，吸引着农村人口迁移到城市。而事实是，围绕着工厂和产品，资本家忙着调研、投资、选址、建厂，他们能够体面地坐在咖啡馆喝咖啡，在商业战场中斡旋，乘火车、飞机、汽车穿梭在不同的城市间。而工人阶级则完全是另一幅场景。英国社会史学家哈蒙德曾说过：

"他们（工厂学徒）年轻的生命往好里说是在干单调乏味的苦力活儿中度过的，往坏里说是在人类残酷的地狱中熬过去的。"①刘易斯·芒福德也提到："在这个体系（工厂的工资体系）内，工人如果不接受工厂主提出的条件，那么作为无助的个人，他的自由要么饿死，要么自杀。"工业社会是一个固化的阶级结构，在这个城市舞台上，每天都上演着工业化城市生活的欢乐和痛苦。

但是，人们不可能永远屈居于生产工具的角色。生产的本质并非仅为少数人创造财富，而是为了满足大众的生存需求。生产不是顶层哲学，生活才是，生产只是生活的手段。目前庞大的生产系统尚未解决全球的生存问题，这是因为发展鸿沟的存在。在鸿沟繁荣的那一侧，人们对追求美好生活有了更高的觉悟。与中世纪统治阶层的奢靡享受不一样，在现代的觉醒过程中，人们对生活哲学的衡量已经超越了经济、财富、权势，更加注重个性、自由、意义和价值。生活哲学因此达到了前所未有的高级形态，数字技术成为这种高级生活哲学的支撑。

历史上，人类习惯性地将世界划分为若干个独立的体系。第一个是物理世界，第二个是生物世界，第三个是人类世界，这种简单的划分把物理、生物和人类之间的关系弱化了，甚至隔绝了。实际上，我们讲人类命运共同体时，并不仅仅涉及人类世界，而是与物理、生物、机器等各种事物息息相关。以自然生态为例，人类的命运在一定程度上是由自然生态决定的，我们的衣、食、住、行、娱乐、工作都建立在自然环境的基础上。无论现在我们的饮食有多么丰富，都依赖于自然馈赠的能量。同样，也不管工作、生产在多么高科技的环境中进行，也都以地球上的生态空间为支撑。现在，我们又开辟了一个新的世界，即由数字技术打造的虚拟世界。与过去一样，人们倾向于将虚拟世界作为独立的体系。造成这种错误的原因主要有两方面。一是构成虚拟世界的数字是非物质性的，而原来划分的三个世界都是以物质为基础的，物理世界中有机器和工厂，生物世界中有动植物，人类世界中有人类。这三个世界在地球空间中都是客观存在的。而数字世界无形无质，似乎与占据地球空间的其他世界没有

---

① 托马斯·阿什顿，《工业革命：1760—1830》，李冠杰译，上海人民出版社，2020年。

紧密联系，至少对在数字技术最初盛行的游戏产业来说是这样的。二是人们还没有完全领悟数字组成的数据、数据库对整个世界体系的巨大作用，但21世纪的人们已经开始认识到数字技术的重要性。

价值文明体系强调数字世界不是虚幻的虚拟世界，也不是独立的体系，而是新"世界体系"构建的核心关键部分。在新的"世界体系"中，数字体系正加速扩展到社会生活的各个方面，人类正在体验前所未有的虚实融合的生活，创造一种新生活方式，为高级形态的生活哲学的创立奠定基础。考虑到以数字技术为核心的人类历史技术大融合的发展在多个领域的意义，高级形态的生活哲学能够体现在数字化的信任、高级的追求、绿色生活及可持续发展方面。

高级的生活标准不是用金钱衡量的。历史上影响至今的伟大哲学家和思想家，如孔子、苏格拉底、柏拉图、哥白尼、马克思等，他们的伟大并不在于他们积累了多少物质财富，而在于他们对人类思想、道德和社会的贡献。《现代汉语词典》对"人"的解释是"能制造工具并使用工具进行劳动的高等动物"。根据人类的动物属性，大部分的人，是人类，是被圈养起来的人类。工人被圈养在工厂里，农民被圈养在田地里，白领被圈养在商务大厦里……圈养他们的是固化的阶层和秩序。这种圈养的状态剥夺了人们作为独立个体的意义。马克思主义虽承认人性的存在，但否认存在普遍抽象的人性。根据马克思主义的观点，人是受到社会性和阶级性的制约的。不同阶级拥有不同的人性，无产阶级有一种人性，资产阶级有另一种人性。这两种人性是不可调和的，只能通过斗争来解决。阶级、秩序、民族、宗教、地域，这些外在的参照标准，桎梏了人的自主性和创造性。正如阿诺德·佩西等人所言："创新不是主要由工程师或其他专业人士发明新东西、改变事物的运行方式，而社会上的其他人仅仅扮演被动的角色，接受新东西的出现；创新是一个复杂的共同创造过程，在生产者和消费者、使用者和发明者之间没有硬性的区分。"[①] 人类历史上的追求从信仰转向金钱和权势，在看似确定的、良性的规则和秩序体系中繁衍发展，实则这种发展在潜移默化中让人类渐渐沦为机器和社会的产物，最终陷入

---

① 阿诺德·佩西、白馥兰,《世界文明中的技术》,朱峒樾译,中信出版集团,2023年。

缺乏精神文明的"钢铁牢笼",失去追求生活的权利和意识,回归到与其他动物无差别的动物世界中。

不管是对信仰的追求还是对金钱的追求,都是人们对生命的片面性关注。在追求金钱的同时,虽然人们获得了世俗的生活享受,却放弃了精神追求,放弃了健康,放弃了个人意志。

地球的空间是有界限的,无论如何,我们都会通过铁路、公路及光缆等将地球各个角落连接起来。林林总总的全球商品让我们在日常生活中面临着艰难的选择。总之,我们用智慧和努力为自己创造了更好的生活条件。但是从某些层面来看,生活水平的提高又受到自然界的限制,并且我们没有理由在已经足够舒适的生活状态下去追求过多的物质财富。我们应该摒弃以金钱为准则的生活观念,以寻找更多关于生命本身的意义和乐趣的可能性。

在历史文明财产积累的基础上,人们逐渐从对财富和权势的普遍关注转变为对心灵、自由和生命意义的关注。19世纪的路易斯·亨利·摩尔根曾经预言:"总有一天,人类的理智一定会强健到能够支配财富……只要进步仍将是未来的规律,像它对于过去那样,那么单纯追求财富就不是人类的最终命运了……这将是古代氏族的自由、平等和博爱的复活,但是在更高级形式上的复活。"[①]生活的真正价值在于人与人之间的联系、个人成长、奉献社会、追求知识和智慧等。

21世纪的人们特别是Z世代拥有了全新的生活方式,这种全新的生活方式不仅体现在工业技术带来的在空间和时间的维度上提高生活的方便程度,更体现在价值观的深刻改变上。

人们逐渐意识到,真正的发展应该建立在自主性和创造性的基础上。高级的生活哲学是关于自由和个性的追求。得益于数字技术的发展,我们已然处于这种高级的生活哲学状态中。以ChatGPT为例,它是由人工智能技术驱动的自然语言处理工具,通过学习和理解人类的语言进行对话,并根据上下文进行互动,能够完成各种任务,例如,撰写邮件、视频脚本、文案、代码,以及翻

---

① 路易斯·亨利·摩尔根,《古代社会》,杨东莼、张栗原、冯汉骥译,商务印书馆,1971年。

译等。ChatGPT 以 GPT3.5 为核心数据集，通过人类反馈强化学习技术并进行训练，且以更多人工监督进行微调。与传统的搜索引擎不同，ChatGPT 背后的代码具有训练和思考的能力，可以从庞大的数据库中进行综合思考和创造性输出。这种先进的人工智能产品能够根据个体的需求和数据库的数据进行个性化规划。在这种趋势下，人们对于某些工作将被人工智能取代的担忧越来越多。当 ChatGPT 被询问"哪些人类的工作会被你替代？请举出案例，并给出理由"时，ChatGPT 列出了 8 个答案，分别是记录管理员、数据分析师、客服代表、电话销售员、财务分析师、薪酬经理、审计员、投资分析师。在给这些职业判了死刑的同时，ChatGPT 给出了看似非常"人性化"的补充解释："需要注意的是，这些工作虽然可能被部分取代，但并不意味着会完全消失。未来，人类和人工智能可能会协同工作，以提高工作效率和质量。有些职业是不可能被完全取代的，例如，医生、教师、艺术家等，因为这些职业需要人类的判断力和创造力。"

除了讨论哪些工作会被替代的话题，人们还关注 ChatGPT 如何帮助大家追求自由、个性。类似 ChatGPT 这种先进的人工智能产品与从现成数据库中搜索答案的引擎有着本质区别，即 ChatGPT 背后的代码能够对庞大的数据库进行训练和思考。打败人类顶尖围棋选手们的阿尔法狗，在被"喂养"了历史上已有的棋谱后，能用已存在的数据库信息快速地举一反三，创造更厉害的招数。在已知的庞大数据库的基础上，超前沿的算法及足够强大的算力，是我们未来自由生活方式的核心支撑。以旅游举例，越来越多的人将旅游心得发布到线上平台，这为人工智能学习更精准高效的旅游攻略提供了"数据食粮"，当它们将数据库的数据进行了筛选、分类、排列、分析等一系列的训练和思考后，我们在出游的时候能够获得个性的旅游路线和旅游方式，它们甚至能够根据景区人数、天气、周边餐馆等实时状况给出精确到某时某分某秒的旅游规划。比如，当你确认了具体的成都旅游行程后，人工智能会根据你的期望给出详细、贴心的规划攻略：某月某日星期几，去成都旅游的有多少人，天气晴朗，50% 的人会选择在第一天去都江堰，30% 的人会去大熊猫繁育研究基地，建议你去峨眉山，错峰出行。你告诉它你带着一家人，有 70 岁的老人，还有 5 岁的孩子，它会告诉你在峨眉山哪里可以坐缆车，如果需要，现在就可以帮着预订。山脚下有一家农家菜在当地是很地道的，建议在 12:30 到达餐厅用餐，避开用餐高峰期。而且在 12:30 刚好会有一场一小时的阵雨，吃完饭正好雨过天晴，并且在 13:45 有一趟回市里的大巴，就在餐厅前方 500 米处。在类似的生活场景中，我们不用再费精力去查阅复杂琐碎的攻略，也不用操心买门票、订酒店、购机票、筛选美味的小吃等程序，这些辅助性的工作都能让人工智能帮我们处理，而且可以做到十全十美，远胜于人类的亲力亲为。ChatGPT 这类产品成为人类的得力秘书，不只是做一份"完美规划"这么简单，它可以从每个个体的角度体现价值新秩序的个性发展。人类不用再扮演"计算"思维下附庸于工作的"机械动物"。

互联网技术的发展是这一转折性变化的起点，它改变了人们对生活的看法和对生活哲学的认知。在价值文明中，生活方式将超越生产方式成为人们生命的核心。工业革命塑造的生产秩序的最大特点是标准化，顺便把人们的生活也标准化了。这使得事物具有了同质性，生产与生活分离，甚至生产凌驾于生活之上。而生产与生活的融合，是价值文明的新生活方式。"消灭工作，普遍休闲"[1]，这是理想的生活目标。这意味着人们不再被工作支配，能够自由地享受休闲时光。现在在各种职业中，我们讨论的不仅仅是经济回报，更重要的是个人理想和生活意义。就像作为小说家、警察、演员、企业家、设计者……以此推论，为什么不把"职业"这个概念忽略，只关注"理想"。职业是个人所从事的、服务于社会并获得主要生活来源的工作。在职业制度形成初期，职业更多地由功利主义支配。但现在不一样了，几乎每场面试中面试官都会询问求职者关于理想的问题，同样，越来越多的求职者更关注能否实现自己的理想，而不仅仅是关注工资。

在哲学层面上，最强烈的呼吁是"人的自由而全面发展"和"人的自由而平等"。在新的价值秩序中，元宇宙成为能够映射"人人自由而平等"的镜子。元宇宙用数字阐释了事物的运动规律，又促使事物按照规律运动。元宇宙

---

[1] 刘易斯·芒福德，《技术与文明》，陈允明、王克仁、李华山译，中国建筑工业出版社，2009 年。

与现实空间融合,所以元宇宙映射的"人人自由而平等"也将反映于现实世界。人的自由而全面发展是价值互联网时代的目标,也是价值文明时代的核心文明基因。工业革命赋予人类强大的技术力量和生产力量,与此同时,人类需要更强大的哲学思维力量来掌控技术和生产力量。

传统的哲学力量仅仅依靠为数不多的思想家、哲学家,他们站在世界中心为众生探索社会规律、生命规律和生命意义。而普通人则依附于中心化的哲学思想及标准化的生产和生存方式,使得个体失去了自身的完整性。而在数字创造的环境中,人人都可以是艺术家、哲学家、思想家。数字技术赋予了每个人表达和分享自己观点的机会,使得每个人都能参与到创作和思想交流中,这种去中心化的环境打破了传统哲学的壁垒,让普通人的声音同样得到重视。

第二篇

价值文明的新时代背景

第五章 | Chapter 5

价值觉醒

人类社会生产的价值觉醒是一个漫长的历史进程，在不同的时期，会有不同的步骤和方式。首先，人类通过使用工具开始探索世界并利用自然资源，创造出更大的生产力；继而，人类开始意识到生产关系的重要性，开始探索不同的生产关系和制度，寻求更公平、合理的资源分配方式；随后，人类的生产模式不断演进，从手工生产、机械生产到自动化生产，不断提高生产效率和质量。现如今，步入信息社会、知识经济、数字经济的时代后，人们开始意识到知识、技能和创新对于生产和经济发展的重要性。

除了对生产方式和环境的认知，人们在整体价值观的认知上也逐渐觉醒。人们意识到生产的目的不仅仅是物质财富的生产和分配，还包括对整体价值的追求。这涉及对社会公平、平等、尊重人权等价值的重视和实践。

总之，人类社会生产所创造的财富是伴随着人类价值觉醒的程度的。价值觉醒则依赖于人类的智慧、努力和选择的共同作用。这种不断提升内涵的价值觉醒过程有助于引导人类社会的生产朝着更加可持续、公正和有益于人类福祉的方向发展。

第一节　贸易在塑造世界

技术的进步、贸易的连接、教育的普及和文化的开放等都是推动人类社会产生价值觉醒的重要因素。而贸易，则承担着塑造世界的重要角色。威廉·伯恩斯坦在《伟大的贸易》中指出："正如我们本能地需要食物、居所、爱情与友情一样，贸易也是人类不可分割的内在性本能。"①

在过去近千年的贸易商路和殖民主义进程中，人类付出了巨大的努力，将觉醒的知识、技能、自然的价值、创新的精神和探险的勇气传播到世界各个角落，形成了错综复杂的世界贸易网络，将被自然屏障隔离的孤立岛屿连接在一起。这一进程在约公元前200年的丝绸之路、15世纪末到16世纪初的大航海时代和17世纪的殖民主义发展中得以体现。

不同的人类文明的演进规律在很多方面都是相似的。在历史的长河中，本族文明要么在外族的侵略中被取代，要么抵制了侵略保留住自身的文明，要么在碰撞和融合中诞生新的文明。没有哪个单体文明能够脱离外界因素独自赓续。五六千年的人类文明历史，也是人类大大小小侵略战争的历史。据统计，人类历史中没有战争的时间只有大约300年。这些战争可以分为三种。第一种战争是早期人类形成的群体或部落为了生存而争夺自然资源的行为。后来，生存获得了基本保障，人类想要追求更舒适的生活，于是产生了第二种战争——领土争端，这种战争是为了争夺领土的控制权，主要目标是土地及土地上的自然物。第三种战争则是贪婪导致的财富的聚集，而人类发现贸易能够聚集财富，从而引发经济资源争夺。贸易带来文明的同时也带来了战争，侵略、战争与贸易始终是相伴相随的。贸易战争为了争夺财富、资源和经济利益，可能爆发于对自然资源（如石油、矿产、水源）的争夺，或者是为了控制贸易路线和市场。生存、生活、财富是人类总体的三大追求，其中生存是首要的。汉默顿在《汉默顿人文启蒙·人类文明》中这样表述："现在野蛮和文明有着本质的区别，在前一个阶段，人们是为了生存而生存；在后一个阶段，人们已经知道了该怎么去生存。在一般情况下，当人们开始了解自然，不再受自然条件所限制时，文化的确可以说成是人类的状态，这并不是摆脱自然后完全的自由，而是人与自然之间更为广泛、更多方面且更为亲密的互动交流。"②思考"该怎么去生存"是人类脱离动物界的标志。贸易是促进不同种族之间交流的第一推动力，在多种思想的融合和影响下，不同区域塑造了不同的社会特性，形成了各

---

① 威廉·伯恩斯坦，《伟大的贸易》，郝楠译，中信出版集团，2020年。
② 汉默顿，《汉默顿人文启蒙·人类文明》，张君峰译，石油工业出版社，2015年。

自的独特文化，并建立了国家和民族。贸易是人类生存的进阶环节。

贸易源于以物换物，本质上是价值的交换。人类的生存需求在解决温饱的阶段大体相同，但由于地理位置和自然环境差异，体现价值的客观物质或载体不同，人们需要通过交换来获取彼此所需的物质资源。比如自然环境不利于产粮但利于产棉，用棉换粮，通过交换的方式满足彼此的价值需求，这是非常友好的交换。贸易源于这种友好的交换。

距今约五千多年前的苏美尔人创造了世界上最早的人类文明之一——苏美尔文明。苏美尔人在贸易上的发明，包括楔形文字、种植食物、建造住所、记录信息、生产纺织品和陶器及数学等，这些发明传到希腊地区后，促进了希腊和罗马人商业帝国的建立。琥珀之路、丝绸之路和香料之路的开辟，使得古罗马帝国的贸易网络遍布世界各地。"条条大路通罗马"，使得各种资源能够高效地输送到当时伟大的帝国。通过控制贸易路线和贸易关系，古罗马帝国获得了大量财富，这成为维持其经济和军事力量的重要手段，从而造就了古代世界的强国之一。古罗马帝国的贸易给欧洲和地中海沿岸带来了重要的财富和资源。除了经济方面的影响，新的技术、商品和文化在贸易道路上的传递，推动了欧洲大陆经济和文化的发展。

在中国的历史中，早在战国时期，齐国就根据外贸中的供需关系"不战而屈人之兵"，展示了贸易的战略价值。而在卫国，商人吕不韦靠着"囤积居奇"实现了由商入政的逆袭。随后，在汉武帝时期，张骞出使西域并打通商路，完成了"凿空之旅"，中国开始了与世界的对话和交流。古丝绸之路的开辟虽然最初的目的不是贸易，却是中国参与世界贸易的开端。16 世纪，明朝隆庆皇帝解除海禁，民间海外贸易蓬勃发展。明朝通过出口生丝、棉制品、瓷器、丝绸等商品，收获了来自西班牙、葡萄牙、荷兰、英国、法国等欧洲国家的财富。有数据显示，在 1567 年到 1644 年的 77 年间，通过海外贸易流入明朝的白银总量大约为 3.53 亿两，相当于当时全世界白银总量的三分之一。如果加上走私和其他渠道，明朝可能拥有全世界白银总量的一半，明朝因此被称为"白银帝国"。一时间，中国东南沿海成为世界上最繁忙的航道之一，"千帆竞渡，百舸争流"。

威尼斯在历史上以其财富和繁荣而闻名,这主要是因为其在地中海贸易中的霸主地位。后来击败威尼斯商业帝国的,是开辟新航路的葡萄牙人。葡萄牙人的新航路迅速扩张到印度洋和附近区域,他们进行了殖民掠夺,强制控制资源和贸易路线,葡萄牙发展为东方海洋殖民贸易帝国。为此,葡萄牙人准备了百年。特别是在意大利文艺复兴之后,葡萄牙人凭借先进的火器,在印度洋和东南亚建立贸易据点。随着新航线的开辟,葡萄牙人因香料赚得盆满钵满。贸易创造的财富,让贪婪的人热血沸腾。另一边的西班牙人在南美洲发现了银矿,便源源不断地将银矿输入马德里。在大西洋沿岸,英国、荷兰、法国等国家群起而动,成为大航海时代的重要参与者。这一时期,贸易中心从地中海的意大利逐渐转向了大西洋沿岸地区。旧大陆与新大陆的联系,成为全球化进程的重要转折点。

西欧是推进全球化的功臣。在西欧,平等贸易和不平等贸易并存,由此带来了一些地区的繁荣和另一些地区的灾难。香料、糖、棉花、可可、咖啡豆等成为大宗贸易产品,贸易品类的多样化打破了贵族阶层垄断贸易的局面。尽管参与贸易的阶层扩大了,但游戏规则仍然由贵族阶层掌握,贵族阶层利用强权来控制贸易。奴隶制度的出现、殖民扩张及武力的运用提升了贸易转换资源价值的能力,这对世界格局的塑造产生了深远影响。这一历史阶段的影响至今仍然存在。

贸易源于地区的比较优势,包括自然资源、人力资源、知识和技术资源及宗教信仰等多个维度的比较优势。这些优势使得各个地区在全球贸易网络中能够再分配和再分工。贸易通过资源的有效配置,实现各方的互利共赢,将世界视为一个整体,使得资源配置达到最佳效率。当然这是在自由贸易的状态下产生的,是一种最理想的状态。然而在现实中,贸易壁垒的存在限制了自由贸易的实现。但开展贸易相对于不开展贸易,一定是利大于弊的。那些最早抓住贸易机会的国家往往能发展成强权大国,如西班牙、葡萄牙、荷兰、英国等。

东方与西方的贸易交流给两个地区带来了截然不同的结果。"白银帝国"的称号虽然响亮,但也为明朝后来的灾难埋下伏笔。大量白银的流入,给明朝带来两个麻烦。一是致使明朝物贵银贱,通货膨胀问题严重。二是白银成了流通货币，使得明朝失去了货币控制权，产生了财政上的问题。相比之下，欧洲国家通过输出白银换取大量海外商品，从中汲取了资源、发展和文明的内核——价值。丰富的商品刺激新的市场需求，新的市场又创造新的产品，激发新的生产力，创造新的财富……得益于此，欧洲走上资本主义道路，蓄积力量，实现国富民强。

在整个历程中，贸易商路、贸易资源（可进行贸易的产品）及贸易创造的价值是塑造世界的显性因素。地球资源分布不均衡，每个地区都有不同的原生资源，这些原生资源有的能够使当地人民生活富足，有的却使当地人民在生存边缘挣扎。在生存边缘挣扎的群体容易发起对其他地区的争夺战争，而生活富足的群体也希望通过剩余资源的交换蓄积更多财富。生活富足的群体甚至会用资源优势发动战争，以维护自己的生存权益，并贪婪地夺取更多财富。于是，通过战争或交易，人们把东西从一个地方转移到另一个地方，试图改变地球资源分配不均衡的地理现状，但在某种程度上，这也会进一步加剧生存资源的不平衡。贸易是对地区原生资源价值的再创造。贸易的发展依赖于具备天然良港的海上商路及相对稳定的陆上商路的地理优势，这是某些文明繁荣的重要因素，比如米诺斯文明时代的希腊。虽然希腊内陆干旱多山，只适合葡萄和橄榄等普通农作物生长，但希腊拥有天然良港，因此希腊人能够通过海上贸易运输他们制造的葡萄酒和橄榄油，贸易活动十分繁荣。葡萄和橄榄能提供给希腊人的只有酒和油这样的生存资源，但人总不能只靠酒和油生存。所以如果没有贸易，希腊存续都很艰难，更别说形成繁荣一时的文明了。而葡萄酒和橄榄油被希腊人转运到其他地方后，给希腊人带来了更丰富的生存物资，也丰富了其他不具备葡萄和橄榄种植优势地区的生活物资品类。在交换过程中，财富也在逐渐积累。整个过程，是葡萄酒和橄榄油的价值再创造。再创造的价值相较于这些资源的原生价值，对塑造世界产生的作用更加深刻。

从前的贸易充满了巨大的风险与挑战。从古代到现代，贸易者不仅需要通过长途跋涉跨越险峻的地理障碍，也要应对贸易过程中的信息不对称和天灾人祸等各种不可预测的风险。人类对美好生活的追求，人类社会对价值的追求，是贸易行为的原动力。公元前 6000 年以来，贸易推动了各文明区的形成和演变，各文明体和国家形态反复迭代。

贸易是文明之间对话、碰撞、融合和互鉴的推动力，各个文明在开放中发展，在交流中融合，在融合中生存。一些人通过贸易在物质生活上得到满足，享受到更便利、更高水平的生活，包括享受手工业者制造的精美工艺品所带来的愉悦。在闲暇时刻，他们追求精神上的满足，因此出现了诗歌、音乐等精神成果。社会吸收了物质文明提升了生活水平的同时，也产生了精神文明。正如汉默顿所说的："如果失去这些文明，那么这个社会就会面临灭亡的危险。"[①] 在14—16世纪的欧洲，出现了一场反映新兴资产阶级要求的思想文化运动，主张追求现实生活中的幸福，倡导个性解放。同样，在中国经济鼎盛的唐、宋、明、清时期，也造就了中国文化艺术史的繁荣。这些时期的繁荣与贸易的发展密不可分。

所以，追溯人类贸易的历史，无论陆上丝绸之路，还是海上丝绸之路，都是各个文明为了求取价值而产生的对话。贸易中的商品不断上演的价值博弈，穿梭于全球，推动文明的形成。在千年商路的价值资源竞争中，信息的作用尤为重要。信息的流通程度越高，贸易之路上的风险就越小，对后续的规划，包括国家财富的来源——税收，都更加有益。所以说，信息是价值的载体。

贸易推动人类文明主要体现在三个方面：价值共识、价值交换和价值秩序。贸易是通过货物和货币的交换来实现的，是商品价值的交换。贸易的本质是在价值共识的基础上达成交易，这基于商品存在的价值共识。商品的价值共识是商品进行交易的前提，随着价值交换丰富性的增加，贸易逐渐形成。贸易从小范围内连接不同地区慢慢延伸到全球，价值秩序是维持贸易繁荣的重要工具。价值秩序是对价值理念的认同，是对商品价值、商品价值交换规则的共识。在贸易领域，价值秩序的表现形式是货币秩序。货币作为一种被普遍接受的交换媒介，消除了贸易中的双重巧合问题。商品中蕴含着一个文明的造物精神、匠人精神、价值理念和生活态度，它们是文明交流的媒介，而货币是维持文明秩序的媒介。通过贸易中的货物和货币的交换，不同文明之间的交流和互

---

① 汉默顿，《汉默顿人文启蒙·人类文明》，张君峰译，石油工业出版社，2015年。

鉴得以实现。货币则是维持文明的重要媒介，其在全球范围内组成一个井然有序的贸易网络，这个贸易网络承载着复杂的分工、协作和交易的有序规律。对个人来说，货币就是金钱，金钱让人类在自愿前提下实现自由交换，跨越文化鸿沟，把全世界的人连为一体。货币的金钱价值是全人类最强有力的价值共识，只有依靠根基稳定的价值共识，文明才得以存续。财富作为贸易的产物，人人都想追求它。它代表着物质的丰富和生活的舒适，能够满足人们的需求和欲望。财富的积累和分配在一定程度上塑造了社会的结构并影响了经济的发展。

商品、技能、知识和思想的价值在代代相传中累积，在贸易的过程中交换，在货币秩序的维持下流通，增加了价值的积累。积累的价值对改变社会现状产生了足够大的影响，而价值交换又放大了人类文明发展的动力源。

第二节　后疫情时代的"价值共同体"

价值共同体是基于全人类层面的，是所有人类共有的，包括尊重人类生命和尊严、尊重人权、尊重文化多样性，以及和平共处、保护环境、合作发展等，是人类社会的共同信仰和准则。价值共同体强调，无论种族、性别、国籍和社会地位，每个人都应该被尊重与保护。价值共同体中每个人都享有基本人权，包括言论自由、宗教信仰自由、政治参与自由、受教育的权利、工作的权利等。此外，价值共同体强调了人与人、人与自然、人与社会多个维度的关系秩序。人类应该追求和平与合作，反对暴力和战争，维护世界和平。不同的社会单元应秉持合作发展的理念，通过合作共享资源，全球社群都可以共同实现经济和社会的发展。尊重民族和文化的多样性，才能维持灿烂的文明。全人类价值共同体的形成和发展基于全球范围内的共同生产生活实践。冷战结束后，随着新技术和全球化的迅猛发展，世界格局发生了巨大变化，各国之间的联系越来越紧密，形成了命运共同体。由于高度的相互依赖，各国之间拥有共同利益、面临共同威胁、具有共同发展方向，这三个"共同"构成了全人类价值共同体的基础。

全人类价值共同体更加注重全球人类面对共同挑战时的共同利益和价值观。全人类价值共同体的提出，是为了应对全球化、数字化等新时代背景下出现的全球性问题，如气候变化、贫困、恐怖主义等，强调各国应该在全球事务中把自身利益与全球利益结合起来，通过合作共赢实现人类命运共同体。全人类价值共同体并非一种文化输出或意识形态扩张的手段，而是在尊重各国主权和文化多样性的基础上推动全球共同发展的一种理念。全人类价值共同体注重的是尊重和包容不同的文化、宗教和传统，促进文化多样性和文化交流，体现了更加开放、包容和多元的全球视野。

在后疫情时代，人们可能会更加关注价值共同体，因为经历了这场全球性的危机之后，人们对于社群感、互助精神等方面的需求更强了。价值共同体不仅是一种道德观念和社会意识，更是为人类文明提供新生态的重要支撑。在人类文明的发展历程中，价值共同体始终被视为人类共同的精神财富和文化遗产。它是一个民族或社会中成长起来的文化品质和道德规范的总和，反映了社会的共同信仰、价值取向和行为准则。价值共同体的核心是人类的共同利益和社会共同意识，它不仅强调每个人的自由、尊严和权利，也体现了每个人的责任、义务和奉献。价值共同体和社会共同体意识的发展可以促进人类社会的和谐、稳定和繁荣，催生新的生态环境和价值秩序。

随着数字技术的发展，价值共同体有了更为深远的意义。数字技术可以为人类社会提供更多的机会和平台，让更多的人参与到价值共同体的创建中。同时，数字技术也可以促进全球化和文化多样性的发展，为人类社会带来更多的合作机会。

价值共同体也是公共价值，是社会成员共同认同的一组基本价值观和行为准则，是社会秩序稳定的重要基础。这些价值共同体包括但不限于人权、法治、民主、平等、自由、责任、诚信等。在价值共同体的认知下，人们在历史、语言、价值观念等方面形成共识，这种共识不仅代表了某个国家或民族的认同，也代表了人类文明共同的精神追求和价值观念。

总之，价值共同体为人类文明提供了新的生态，它是人类社会不断发展和进步的重要支撑。价值共同体将会在未来为人类社会带来更加美好的生活环境和良好的文化氛围。

第六章 | Chapter 6

价值冲突

回顾20世纪，人类有许多可骄傲之处和令人振奋的成果，同时也有很多遗存至今未解的难题和多种危机。人类社会中那些尚未明了，或虽已明了但难以掌握的变化因素，犹如计算机中的病毒和不定时炸弹，不知道会在何时、何地、何种情况下爆发。它们的爆发将会影响人类未来的发展方向。对于这些或许已经明了但难以掌握，以及或许尚未明了但实际作用极大的变化因素，人们将其统称为"文化"。"文化的困惑"或"文明的冲突"，是20世纪末遗留给21世纪的难题。

"文化的困惑"或"文明的冲突"由普遍的价值冲突引起。价值冲突的存在是必然的。价值冲突培养了个人和社会的韧性和包容力。通过解决冲突，人们不断寻找平衡点和妥协的方法，以实现更大范围的利益和目标。价值冲突促使人们重新评估自己的价值观，促进了更深层次对文明的理解。这种韧性和包容力有助于社会的和谐。

第一节　基本价值冲突

时至今日，人类文明的进程似乎不再依赖数千年历史积淀的规律、制度和规范，精神力量对改造世界的影响也越来越弱，信仰的边缘化意味着人类文明进程进入新的拐点。GDP、数字技术、生物科技、硅基生命、地球环境极限等日益成为主流话题，陈旧的制度体系显然无法承受新浪潮的惊涛拍岸。屹立数千年的价值结构开始发生变化，并逐渐瓦解。这种瓦解导致整个人类社会陷入了一种价值混乱和失范的状态，人们对于道德、伦理、价值观和社会规范的理解变得模糊，人类文明呈现出混乱的状态。

归纳起来，在当今世界所面临的价值冲突中，有三个大的问题较为突出，并且具有理论的普遍性和现实的紧迫性。这些问题分别是：在环境价值上的"人类中心主义"与"非人类中心主义"之争；在价值导向上的"普遍主义"与"特殊主义"之争；在文明模式上的"科技理性"与"人文精神"之争。这些问题触及了人类基本的价值观念及思维方式，我们需要深入地观察和反思。

环境价值
"人类中心主义" VS "非人类中心主义"
人与自然演化的发展冲突

价值导向
"普遍主义" VS "特殊主义"
全球化人类基本的价值观念及其思维方式

文明模式
"科技理性" VS "人文精神"
人文与技术之间的冲突和协调

三大基本价值冲突

1. "人类中心主义"和"非人类中心主义"的冲突

"人类中心主义"和"非人类中心主义"的冲突是最为紧迫的问题，涉及人类对人类自身在宇宙中的地位和价值的不同看法。人类中心主义认为人类是宇宙中最重要、最有价值的存在，其利益和权力应该被优先考虑和保护，其他的生物都是为人类服务而存在的，因此人类可以对它们进行支配。这种观念导致环境被过度破坏和污染，动物被过度捕杀，从而对生态系统产生破坏性影响。近年来，在环境伦理学和生态学思想的影响下，人们逐渐认识到了人类中心主义的局限性和危害性，意识到了环境价值的重要性，并提出了以非人类中心主义为核心的价值观，如生态主义、动物权利主义等。非人类中心主义主张将所有事物视为价值的一部分，人类应该以谦卑和尊重的态度对待其他物种和自然环境。

彼得·辛格在《动物解放》中提到"拓展圈"伦理观，"拓展圈的目标是为我们站在被压迫、被剥削、脆弱和无助的一方提供坚实的基础，无论这些被压迫的对象是人类还是其他动物"。[①] 辛格强调，我们应该将道德关注和同情心扩展到其他有感受能力的生物上，而不仅仅是人类。根据辛格的观点，我们应该超越人类中心主义，承认其他动物也具有权力和利益，因为它们能够感受痛苦和快乐。我们不能仅仅因为一个生物属于其他物种而将其置于较低的位置。

在人工智能快速发展的背景下，非人类中心主义关注的范围从自然、动物、地球拓展到人工智能上。当下，人类中心主义与非人类中心主义争论的议题更多聚焦在人类主义和人工智能主义的冲突上。人工智能主义的支持者认为，人工智能具备自主学习和创造的能力，能够完成人类不能完成的任务，甚至取代人类。人工智能被认为是超越人类的智能形态，可以将其视为人类文明的下一个发展阶段，甚至取代人类，成为未来的一种文明形态。而人类主义则强调，我们应该正确地管理人工智能的发展，让其始终是服务于人类的一种工具。人工智能可能会成为解决全球性问题的有效手段，如改善气候变化、医疗保健、危机防控等。我们不应该单纯地把人类主义和人工智能主义当作冲突的对立面，而应该将两种观念相结合，在强调保护人类权力和利益的同时，开发具有人类智能的机器，助力人类的可持续发展。

人类是环境中的一个元素，而非环境的主宰者。人与环境的关系不是单项的，人类文明的发展和进步必须考虑环境价值的重要性。

2. "普遍主义"和"特殊主义"的冲突

"普遍主义"和"特殊主义"的冲突是关乎基本的价值观及思维形式的冲突。普遍主义将"普世价值"应用于所有人和情境。普遍主义认为，人类共享某些普遍的价值观和权利，不论其个人背景如何，都应受到平等对待和尊重。

---

① 彼得·辛格，《动物解放》，祖述宪译，中信出版社，2018年。

普遍主义强调人的普遍尊严和平等，主张超越特定群体、国家或文化的利益，追求全人类的利益和福祉。

特殊主义则强调特定群体、国家或文化的利益和特殊性。特殊主义认为，每个群体都有其独特的历史、文化和价值观，应该尊重和保护其特殊性。特殊主义强调群体认同和归属感，并认为特定群体的权益和需求应该优先考虑。

冲突出现在如何权衡普遍价值观和特定群体的利益上。在某些情况下，特定群体的利益可能与普遍价值观发生冲突。例如，某些地区可能坚持特定的宗教教义，禁止亵渎或批评该宗教，但实际上这些宗教教义可能与普遍价值观冲突，又或者如气候变化、难民危机等国家的特殊利益与普遍的全球利益冲突。

普遍主义与特殊主义之间的冲突并非绝对的，每个具体情景都可能有其独特的冲突和解决方案。**从健康这一基本权益的角度看，普遍主义和特殊主义之间的冲突显而易见**。从特殊主义的角度来看，富人阶层在健康方面享有优势。他们可以负担高质量的医疗服务、营养丰富的食物、良好的居住环境等，这使得他们更容易拥有良好的健康状况。特殊主义强调特定群体的利益和特殊性，认为每个群体都有权利追求自身的利益，而在这种情况下，富人阶层在健康方面占据了优势地位。

然而，从普遍主义的角度讲，健康是每个人的基本权利，应该平等享有。普遍主义认为，每个人都应该享有健康和良好的医疗服务，不论其财富、社会地位、文化背景如何。

因此，从健康这一角度来看，普遍主义与特殊主义之间就产生了冲突。特殊主义强调特定群体的利益，富人阶层享有优越的健康条件，而其他社会阶层可能面临健康资源不足和不平等的问题。

3. "科技理性"和"人文精神"的冲突

人类主义和人工智能主义之间的冲突归因于科技的发展速度远远超过了道德和伦理框架的规范。科技越发达，"科技理性"和"人文精神"之间的冲突就越趋于无解。科技理性主要回答世界"是什么""怎么样"的问题，它探究自然规律，并能动地运用这些已掌握的规律，创造出为人类服务的科学技术及物质财富。相对而言，科技理性所驾驭的世界，是一个不以人类意志为转移的世界。人文精神主要回答世界"应当是什么""怎样才更好"的问题，强调对人的价值、人性、文化、道德和艺术等方面的关怀，更注重人类的主观体验。在现代社会中，科技的发展掩盖了人文精神的重要性。科技理性主张在科技发展和应用中，以技术可行性和经济效益为主要考虑因素，通过技术创新、技术优化等方式提高生产力和效率，是以实用和利益为导向的。而人文精神则关注科技对人类文化、价值观和人类尊严的影响。我们越来越多地将注意力集中在数字化和物质性的东西上，而忽视了内心深处的情感和精神需求。举例来说，人们越来越依赖通过手机进行交流，而忽略了面对面交流和真实的人际关系。同时，对速度和效率的追求让人们忽视了深入思考。此外，新兴科技的发展也可能对人类价值观产生负面影响。例如，人工智能的进步导致人类的判断力和自主性变弱，从而掩盖了人文精神。自动驾驶等技术的应用引发的事故从道德的角度而言如何追责？人工智能生成的作品版权应该归谁？科技理性与人文精神之争不是单纯的对立，面对全球的未来发展，我们需要在科技发展和应用中，找到科技理性和人文精神的平衡点，重视科技伦理和社会责任，确保科技的应用不会对人类社会造成负面影响。

在找到科技理性与人文精神的冲突的解决方法之前，我们需要追根溯源去思考科技理性的问题为什么会存在。人类在发明技术之前，初衷都是促进人类的进步，发明者的理念是理性的。然而，这种科技理性只适用于人类整体的角度。在人类内部的矛盾和冲突中，各种战争武器被发明。战争本身往往就是一个情绪化和非理性的过程。战争武器的发明和应用造成了破坏性极强的后果，包括大规模的人员伤亡、城市破坏和人道主义危机等，这与和平、人道主义等价值观存在冲突。这是从人类自身角度来看非理性科技的发展的。化学武器、生化武器、核武器等，除了那些在战争中使用它们的战争参与者，没有人希望这些武器被发明。张笑宇在《技术与文明：我们的时代和未来》中将技术进步比作"文明的毒品"。他认为，自核武器发明开始，人类就已经进入一场永无止境的危险旅途：一旦一个国家有可能掌握毁灭全人类文明的武器，为了制衡和避免它取得绝对优势，其他国家势必要赶上，这种武器也势必要"普及化"。然而经手武器的人越多，人类本身被武器毁灭的可能性就越大——无论这种武器是核弹、基因武器，还是人工智能武器。[1]

科技本身的发展也带来了更严重的非理性。人类发明了科技，但不代表人类能够掌控科技。人类无法确保自动驾驶可以永远不出问题，人类无法保证人工智能不会产生思维，人类也不能限定生化武器的危害范围……对科技本身来说，不存在理性或非理性，我们无法明确它究竟是服务人类还是毁灭人类，也不存在科技人文一说。科技人文或科技理性是相对于人类而言的概念，当科技发展到一定程度并脱离人类掌控的时候，科技不会因为人文因素而限制自身的发展。如果没有人类的理性和伦理干涉，人工智能也将摆脱科技人文的牢笼。

21世纪，科技发展继续驱动文明模式的改变，并且这个改变具有更大的不确定性。

第二节　价值冲突的表现

进入21世纪后，价值冲突的表现更为复杂，民主与权威的冲突、全球化与本土化的冲突、科技的鸿沟、发展的鸿沟，都在印证人类文明的发展存在尚待完善之处，需要加以解决。

和平是人类社会的基本需求。和平是不存在战争、冲突及暴力的状态。它是一种社会、政治和心理上的和谐状态，其中个人、群体和国家之间的关系是和睦、平等和非暴力的。和平是人们相互尊重，用合作、协商的方式解决分歧的状态。我们习惯性地将和平与战争相对，没有战争的世界按理说就是和平的世界。从这个概念讲，21世纪的世界相较于历史上任何一个时期，都是相对和平的世界。

在21世纪的前两个10年中，直接战争的发生似乎相对较少。相比于过去

---

[1] 张笑宇，《技术与文明：我们的时代和未来》，广西师范大学出版社，2021年。

的历史时期，如20世纪的两次世界大战和冷战期间的局部热战，21世纪的战争数量和规模似乎有所减小。然而，需要注意的是，战争的定义和形式在不同的时期和背景下已经发生了变化。

21世纪发生的战争，具有一些与以往不同的特点。这个时期，和平赤字的特点是尽管当前没有大规模的战争爆发，但全球仍然存在潜在冲突和紧张趋势，这些问题在未来可能引发破坏力更大的冲突和战争。21世纪的冲突不再局限于传统的国家之间的冲突，这也意味着，各方之间的不平衡、多层次的冲突不再集中通过以国家为单位的冲突表现出来，而是直接表现出来。

和平并没有真正地实现。和平赤字强调了和平的全面性和可持续性，而不仅仅是没有战争的状态，它关注社会、政治、经济和民生层面的和谐与稳定。除了利益冲突和恐怖主义等传统冲突导致的大量人员伤亡、人道主义危机和流离失所者剧增，民族冲突、宗教冲突和种族紧张等历史遗留问题也在加剧社会的动荡。21世纪，世界经济获得前所未有的发展，也存在前所未有的不平等和不稳定，贫困、失业等不公正现象加剧了人们的不满情绪和社会分裂。此外，大规模杀伤性武器的存在、环境的恶化和自然资源的竞争等问题进一步使和平变得更加脆弱。

虽然让世界完全没有战争是一个挑战，但和平仍然是人类值得追求和努力实现的目标。

安全是人类生存和发展的基本条件。但当前世界上的科技发展缺陷、自然灾害、疾病流行、环境污染、网络攻击等威胁，造成了人类安全领域的不足和缺陷。

发展是人类社会的不断追求。但当前世界上的经济发展不平衡、贫富差距扩大、基础设施差异大、发展机遇不均衡等问题，导致了世界的发展赤字。一些发展中国家和地区面临经济结构转型、资源短缺、贫困等问题，严重制约了其经济和社会的全面发展。

治理是现代社会稳定和可持续发展的基石。治理赤字一方面表现为关于气候变化、网络安全、难民危机等全球热点问题的治理体系和机制存在不足，另一方面表现为腐败、贪污、权力滥用、霸权等现象如蛀虫般入侵，削弱了部分国家和地区政治体系的治理能力。

文明是人类社会生存和发展的根本意义。文明赤字是指人类社会在文明和文化方面存在的问题和挑战，包括文化多元性不足、文化衰退、文化传承不充分等。

在全球化和信息化背景下，不同文化之间的交流和融合变得更加重要，但同时也带来了更多的冲突和文化隔阂。不同文化之间存在着不同的价值观念和信仰体系，这些分歧导致误解、偏见、歧视和敌对情绪产生，进而威胁到和平、稳定和相互理解。

另外，受经济发展的影响，一些文化正在衰退。全球化带来的文化同质化和消费主义的冲击，导致传统文化的边缘化和丧失。例如，某些传统的道德准则不再被年轻一代重视，而被现代个人主义或消费主义的价值观所取代；传统节日、传统手工艺等文化实践在现代生活中逐渐减少并失去原有的影响力；传统建筑、艺术品、文学作品等文化遗产承载着历史和文化的独特价值，但由于种种原因被忽视和遗忘；许多传统语言也在消失，等等。外来文化的入侵和民族文化的失落对文明的多样性造成了许多负面影响，如文化认同的淡化、价值观的混乱和社会凝聚力的减弱等。

同时，由于大众传媒的深刻转变，年轻一代对传统文化和价值观的理解产生了一些问题，这对文化传承和文明赓续造成了一定的负面影响。一些传统文化和价值观可能在课程中被忽视或较少涉及，人们的关注点更多放在了现代科学技术和经济发展上。传媒的商业化导向和追求短期效益的倾向导致人们对传统文化和价值观的忽略和曲解，部分传媒内容过于娱乐化，缺乏文化的深度和内涵。传媒带来了文化的多样性和开放性，年轻一代面临着各种来自不同文化的信息冲击，容易产生认同困惑，导致文化认知的摇摆。

这些赤字是价值冲突在不同领域中的表现，如果不想方设法解决赤字问题，人类就无法打造一个相对和平、安全、公正和包容的世界。

第三节　信任危机

　　信任是人们为了应对复杂的社会环境和自然环境而创造的一种机制。它将事物的多元复杂性和不确定性转变为二元的选择：要么信任，要么不信任。信任机制是个体或群体在相互交往和合作中所建立的达成共识的规则和制度。它是在社会交往中产生的一种规范性机制，通过共同信任和遵守规则来保障交流和交易的顺利进行，实现共同目标。在信任机制中，个体和群体的行为不仅取决于自己的利益，还取决于对他人和整个社会的责任和影响。信任机制对人类社会的发展非常重要，它能够促进社会中各个层面的合作，使得社会资源得到合理配置，达成各种目标。

　　不同的社会形态之下建立的信任机制不同。信任机制的建立和运作与社会的价值观、文化、制度等因素有关。历史上，信任机制依靠亲缘和血缘关系、社会地位和声望、商会和行会等产生了多种表现形式，以适应不同的社会需求和环境。在现代社会中，人们通常依赖契约和法律来建立信任机制。契约作为一种法律约束力量，确保各方履行承诺，并对违约行为进行制裁。法律和制度的存在有助于维护社会的秩序和公正，建立信任关系。但契约、法律、制度也都是人所制定和执行的。在价值冲突中，契约偏向于强势的一方，制度可能会被滥用，法律可能会失之偏颇，信任机制面临着价值冲突带来的崩塌。信任危机是当代社会面临的严重问题，在政治、经济、文化等领域也出现了一些失信行为，对社会运行的机制造成了破坏。

　　人类正在经历一个价值多元的时代，多种价值共存且相互冲突已经成为现实生活的常态。"我们生活在一个剧变、动荡和革命的时代，我们的生活方式、人生哲学都有了激变。我们得在一个全球性通信的、无止境的思想多元化的世界中寻找我们自己。我们被卷入种种不同的世界观相互冲突的旋风里，我们渴望对这个世界及我们自己有更深刻的理解，却不知道何去何从。"[1] 这与1866 年形成了鲜明的对比。1866 年 7 月，两条海底电缆把旧世界和新世界连接起来，成为一个共同的世界。"地球上的人类从一端到另一端已能同时听见彼此的声音，彼此看得见，互相能理解。"[2] 人类的创造力缩小了时空的距离，在 19 世纪，这让人们联结起来；在 21 世纪，这却让人们在文明和价值观上重新孤立隔绝。价值多元的时代也是价值更孤立的时代。

进入数字时代后，信任危机日益深化和蔓延。这表现为整个社会对政府、市场、法律、知识、专家、非政府组织及传统道德框架的不信任。与工业时代的信任危机有所不同，当前的信任危机与真伪性、所有权、数据和信息保护、财富形式的变化及道德性紧密相连。德国学者夫罗里扬认为："全球化正面临空前的信任危机，越来越多的人在反对它，但世界经济还没有找到除了推动全球化之外也能增进经济发展的金钥匙。"[3]

据《日本时报》报道，世界最大的公关公司之一爱德曼国际公关对全球 28 个经济体的约 3.3 万人进行的调查结果显示，公众对政府、商界、媒体甚至非政府组织的信任都出现迄今最大幅度的下跌。其中，53% 的被调查者认为当前的社会制度在实现公平上是失败的，没有给未来提供太多希望，只有 15% 的人认为当前的制度在起作用。该公司的创始人爱德曼认为："全球信任危机隐含的意义深刻而广泛，它始于 2008 年的大萧条，但就像第二轮或第三轮海啸，全球化及技术变革进一步削弱了人们对全球制度的信任，结果就是产生恶性的民粹主义和民族主义，大众不再被精英控制。"[4]

人类社会是一个复杂的网络，每个个体都有自己的背景、经历、信仰和价值观，因此在陌生人之间建立信任是一项复杂的任务。人们需要克服偏见、质疑和彼此的不了解，才能建立起真正的信任关系。但是在与陌生人交往时，人

---

[1] 孙志文，《现代人的焦虑和希望》，陈永禹译，生活·读书·新知三联书店，1994 年。
[2] 斯蒂芬·茨威格，《人类群星闪耀时》，潘子力、高中甫译，时代文艺出版社，2018 年。
[3] 《环球时报》的文章《全球化正面临空前信任危机 建立更具包容性全球化是唯一答案》，2017 年 1 月 17 日。
[4] 《环球时报》的文章《全球化正面临空前信任危机 建立更具包容性全球化是唯一答案》，2017 年 1 月 17 日。

们常常感到不确定和担忧。这是因为陌生人的意图和行为不为人所知，存在着潜在的利益风险和不可预测的行为。这种不确定性和风险让人们逐渐排斥与陌生人的互动。

三体文明①对信任的复杂趋势有所影射。在三体文明中，由于存在宇宙中的"黑暗森林"法则，即宇宙中存在着无数潜在的危险文明，一旦某个文明被发现，就必然遭到其他文明的打击。为了生存，三体人通过不断推导、猜测对方的意图，以及对对方可能的行动进行预测，来决定自身的策略和行动，以最大限度地保护自己。为了建立信任，三体文明利用广播信号进行联系。通过传递复杂的广播信号，以显示自身的存在和意愿，同时也是一种信任的展示。然而，这种信号往往会受到怀疑，造成了更复杂的互动。由于个体间的信任较为薄弱，三体人普遍采用线性思维，即对于某个个体或组织，除非存在直接证据显示其可靠，否则就会保持怀疑和防范的态度。这种思维模式使得信任在个体之间相对稀缺，而更多地依赖于可靠的证据和实际行动。三体文明强调谨慎、怀疑和战略性的思维，以保护自身利益并在与其他文明的交互中生存，这种信任机制更为复杂和困难，常常面临着信任的崩塌和破裂。

数字信任是在数字化环境中建立和维护的信任关系，是数字经济发展和社会互联的关键要素。数字信任是一种新型的信任机制，它的特点包括技术驱动、数据导向、全球性、用户参与及快速变化。这些特点为社会发展提供了信心和便利，但同时也面临着数字环境下特有的挑战。

比如互联网的匿名性和虚拟性给信任带来了更大的挑战。在传统的面对面交互中，人们都可以以真实身份背书。然而，在互联网上，匿名的账户和匿名交互导致人们很难确认对方的真实身份和意图。而且，互联网上的信息呈爆炸式增长，给人们筛选和评估信息增加了难度。信息的隐私和安全问题破坏了人们对传统权威机构的信任。2013 年，爱德华·斯诺登泄露了大量有关 NSA（美国国家安全局）的机密文件，引起了公众对于政府监视和个人隐私保护的担忧；2016 年 10 月 22 日凌晨，黑客针对美国域名服务器管理服务供应

---

① 三体文明是刘慈欣的科幻小说《三体》中描绘的一个与地球文明相异的外星文明。

商 Dyn 公司的服务器进行 DDOS（分布式拒绝服务）攻击，导致半个美国断网；1998—2016 年的 18 年间，趋势科技采用机器学习技术审查发现 1300 万起网站被篡改事件；雅虎公司 2017 年宣布，在 2013 年数据泄露事件中，30 亿个用户的账号信息被盗，这一数字是此前公布的被盗账号数量的三倍；2017 年，Equifax 宣布遭受了一次数据泄露，超过 1.4 亿个美国人的个人信息，包括社保号码、姓名、地址和出生日期等被泄露；2018 年，Facebook 被曝向政治咨询公司剑桥分析泄露了大量用户数据，这些数据被用在 2016 年美国总统选举中……类似大大小小的数据泄露事件数不胜数，公众对数据、政治社会的信任逐渐降低。

我们已经进入了一个由数字技术构建的立体的、折叠的、交互的网络空间中，无法避免数据穿透带来的透明生产和生活。然而，上述各类数据信任问题如果得不到解决，这个已经屹立的网络空间就会随着信任的瓦解不断崩塌。现在的网络空间和现实空间虽然还未完美融合，但已经不可分割，网络空间的崩塌也将导致现有社会秩序的混乱、运作方式的受阻和生产力的受损。

实现数据的可信性和数据价值的共识性越来越重要。这个时代的人们需要在构建数字信任的基础上实现数字价值的融通。世界经济模式从以农作物流通为主的农业经济模式，发展到以产品流通为主的商品经济模式，再到以信息流通为主的服务经济模式，现在正在向着以价值流通为主的价值经济模式转变。在价值经济模式中，数字化的手段和机制起到了关键作用。通过建立共享平台、数字化市场、智能合约和数字信任等机制，可以实现数字化的价值创造、价值表达和价值流通。

信任是价值创造的本源，是经济运行的基础，也是社会秩序的保障。在全球范围内，恢复信任成为促进价值公平分配、合理利用和高效流通的核心措施。联合国秘书长安东尼奥·古特雷斯表示，在由 80 亿人组成的人类大家庭中，每一个成员都应在享有平等权利和自由的基础上，开始弥合分歧，恢复信任。在构建网络空间的信任机制方面，将信息转变为信任数据，促进数据的自由流通，激发信息的价值，推动价值共识和信任的流通，为在全球范围内恢复信任提供了重要手段。

第四节　信息孤岛

在这个时代，对人类社会影响最大的可能是计算机的发明和应用，它推动了生产自动化、管理自动化、科技手段现代化和国防技术现代化，也推动了信息的自动化。举个例子，也许你这时候正沉醉在纸质书的阅读中，但其实我写书用的是计算机而非纸和笔，我把书交给出版社的编辑排版，用的也是电子工具。至于生产，那就更不用说了。一块一块的集成电路板把印刷的程序一丝不苟地记录下来，然后将编辑排版好的文字输入计算机，纸张和油墨就在程序的配合下，默契而高效地进行重复劳动。你看，这样是不是比以前铅字印刷要快得多？

有了集成电路就有了互联办公，美国率先把计算机和局域网连接起来，久而久之，随着协议的补充更新，互联网大大方便了人类的沟通和交流。信息传播渠道的革新对工业领域来说无疑是一项伟大的创举。有了互联网，我甚至不需要打电话或者亲自邮寄信件，就可以足不出户在网上把我写完的电子书稿发送给编辑部，在此过程中省出来的时间又方便了我做更多的事情。

我们正生活在一个以字符和代码为砖石、以拓扑结构为钢筋框架的世界里，这是一个基于实体世界之外的新世界。这个新世界标志着新一轮技术革命的到来，也预示着工业化世界的落幕。这一次革命让生产效率的提升从以前主要依靠劳动力的增加和劳动强度的提升，到现在变成依赖生产技术的不断进步、劳动者素质和技能的不断提高。这一轮技术革命催生大批新的领域，如计算机、新材料、生物制药、航空航天、原子能等。这些新领域的涌现和发展为经济全球化和全球产业分工带来了新的机遇和挑战。

我们在谈价值的时候曾经提到过对商品的需求。伴随工业化的发展，人们也在不断追求科技的进步。现在的农民不会再仅仅把镰刀作为日常的劳动工具，而是用上了最新的播种机和收割机。科学家和信息化专家教会了农民使用无人机喷洒农药防治病虫，而那灌装在无人机里的农药，也是机器按照精密配比精准洒向土地的。这样的例子不胜枚举。我们再回到宏观的视角来看整个地球。需求的改变使得人们对待商品的价值观念也发生了诸多变化。在生产关系和劳动力关系被不断重新定义、塑造之后，企业与企业之间，政府与政府之间就产生了诸多信息。但是由于集团与集团之间为了商业利益彼此拉扯，企业与政府之间部分信息渠道无法畅通，因此就出现了诸多信息孤岛。这些孤岛成为一个群岛，岛屿和岛屿之间彼此孤立，没有船只。

企业在开展项目与政府对接的时候总会遇到这样一个现象：在很多地方，不论国内还是国外，政府往往有自己的信息系统和信息中心，企业也有自己的数据库、操作系统、应用软件和用户界面。这种分散和独立的体系导致了信息孤立，企业和政府之间处于一种类似于"荒野求生"的状态，彼此无法有效地合作和共享资源。

在组织内部，信息孤岛确实有助于保护企业数据。但是，从长远角度来看，政府需要畅通民意渠道，企业要想发展电子商务，就要消除信息孤岛，或者在岛屿和岛屿之间准备好船只。当然，也可能出现更坏的情况。大小王朝的混战、群雄的割据，对于企业来说依旧十分残酷。有一天，一个富饶的岛主来到了一个生机盎然的小岛，发现了更多的资源，这些资源有极大的利用价值，那么，小岛即将面临什么我们就可想而知了。2022 年，推特被埃隆·马斯克用 440 亿美元高价收购，而推特总裁在接受采访时说的那句话让互联网网民感到十分震撼："这没办法，他们给的实在是太多了。"基于此，我们完全可以推测，正如岛屿有可能会被淹没、被侵占，也有可能会抱团一样，企业也终将经历重组、并购、破产、重生……因此，我们要想摆脱"荒野求生"的唯一方式，就是尽快建立对外联系的渠道，且确保渠道的稳定、畅通、不可被取代。

为了实现群岛共生的局面，我们需要打破信息孤岛并建立方便沟通信息的渠道，就像架起一座桥梁或找到便捷的小船一样。我们可以探索可行的数字化路径，以打破内部的沟通障碍。这样一来，政府之间就可以实现信息互联互通和资源共享，最终实现网上政务协同，使社会大众真正享受一站式办公服务。同时，政府与民众之间也亟须加强信息沟通，社会信息资源需要公开，政府公共信息需要透明。对于企业来说，开放部分数据可以使产业链上下游的企业全部参与到生产和经营中。小型企业可以抱团成长，大型企业可以合作共赢。当整条产业链畅通无阻时，人类的生产力水平也将随着数据的公开透明而逐步提高。

相对于生产角度的信息孤岛，认知角度的信息孤岛问题更为严重。看似多样化的信息源却在造就非常单一的信息池。

人们在信息获取过程中往往倾向于接受与自己观点一致的信息，忽视或排斥与自己观点相悖的信息。这种筛选行为导致了认知角度上的信息孤岛，使得个体陷入一种信息封闭的环境，难以接触到多样的观点。

社交媒体和其他在线平台使用算法来实现个性化内容推荐，以增加用户的参与度和留存率。这些算法会根据用户的兴趣、点击数据和社交关系等信息，向用户展示更多与其观点一致的内容，形成所谓的"过滤气泡"或"信息泡沫"，使用户更多接触与自己的观点相似的观点。

部分媒体倾向于呈现特定的价值观，忽视或歪曲与其立场相悖的信息。这种媒体极化使得人们容易固化自己的观点，只接受符合自己观点的信息，而忽视其他信息。

综上所述，现在的信息环境和媒体环境让人们更容易只接触到与自己观点相符的信息，容易形成对其他观点的偏见和敌意，难以理解和尊重不同的观点。这种越来越单一化的信息类别限制了人们接触多样观点的渠道，让人们逐渐失去批判性思维和开放的心态，可能导致知识的局限性。如果不加以解决认知角度上的信息孤岛问题，将有可能遏制文明的发展。

第五节　秩序失衡

弱信任环境往往会导致社会秩序的紊乱。当人们之间的信任度降低时，合作和共同遵守规则的意愿减弱，人们更倾向于追求自身利益而不顾他人或整体利益，就会出现大量的冲突。这种全面的信任机制缺失将会影响人类社会秩序的运行。

社会秩序失衡是一个历史性的现象。历史上的战争是人类局部价值秩序的崩盘，而当代的人类价值秩序可能面临全球性的崩盘。

在古代社会，人类社会的秩序失衡源于政治不稳定和文化冲突等，这些问题导致了朝代或国家的灭亡。比如在欧洲中世纪，社会秩序失衡主要源于贵族和宗教势力滥用特权，从而导致了欧洲长达500年的黑暗世纪。而在现代社会，社会秩序的失衡涉及城市化带来的大规模移民、劳动力转变、社会阶层结构转变、文化价值变化、贫困和环境污染等问题。总体上，人类经历的社会秩序失衡主要是由政治、经济和文化等多维度的问题导致的。

现在我们正在经历同样主要由政治、经济和文化导致的更多样化、更复杂、更难解的社会秩序失衡，如国家间的冲突、经济发展的不平等、恐怖主义和极端主义、人口矛盾、环境破坏等问题。

1997年，在日本东京召开的联合国气候大会通过《京都议定书》，这是第一部限制各国温室气体排放的国际法案，旨在应对气候变暖对人类的威胁。该议定书规定，发达国家从2005年开始承担减少碳排放量的义务，发展中国家则从2021年开始承担减少碳排放量的义务。从表面上看，这一议定书反映了面向发达国家和发展中国家比较公平的减排战略，给发展中国家多预留了几年不受环境制约的发展时间，但实际上存在一些问题。当时欧美在其他国家没有参与的情况下，单方面决定了全世界碳排放量不能超过8000亿吨，然后27个发达国家瓜分了其中44%的碳排放配额。然而，这些国家当时的人口只有11亿。也就是说，剩下的56%的碳排放配额要让其他国家的55亿人口分。碳排放配额仅仅多了12%，对应的人口却是发达国家的5倍。发达国家为自己设计了比发展中国家更大的未来人均碳排放权，这是不公平的。此外，从1900年到2005年这105年间，发达国家的人均碳排放量是发展中国家的7.45倍。这种不平衡的结果源于发达国家历史上的殖民、掠夺、强权和强制贸易行为，对发展中国家而言并不公平。针对这种现象，丁仲礼院士在2010年接受央视采访时指出，联合国政府间气候变化专门委员会（IPCC）提出的这些"减排方案"实际上是"减排话语下的陷阱"。发达国家拥有比发展中国家更大的未来人均碳排放权，其结果是要限制发展中国家的经济增长，加大不同国家之间的贫富差距。

与以往不同的是，数字时代的到来并非仅在一定程度上破坏了传统的社会秩序和价值观，而是彻底颠覆了现有的秩序、权力关系，并且在基于价值澄清理论的基础上进行重新构建。

随着数字鸿沟越来越显著，贫困家庭和富裕家庭之间，城市和农村之间，发达国家和发展中国家之间的不平等现象在数字时代也更为显著。那些拥有数字设备和数字基础设施的人更容易获取资源。

人们的认知被数字技术控制。信息爆炸让我们每时每刻都面对着大量的信息，而其中很多都是虚假的。信息泛滥要么导致人们很难分辨真假，要么有目的地、强制性地把人们的意识引入错误的轨道。信息宇宙的爆炸让人类的意识失去了中心支点，在信息宇宙里，信息茧房限制了人类的认知。

我们可以从实际的发展态势中找到数字时代社会秩序失衡的种种表现。

第六节　全球鸿沟

诺尔贝尔经济学奖获得者西蒙·库兹涅茨提出，现代经济总体增长有三个重要特征，分别是人均产值的高速增长，高速增长能够持续较长时间，国家与国家之间的增长差异很大。库兹涅茨认为，各国经济发展速度不同的原因在于初始水平的差异。从截面数据看，一些国家具有较高的初始经济水平，因此它们在后续发展中更容易实现高速增长和积累更多的资源。这些差异在时间的推移下逐渐扩大，导致了国家之间发展的极度不平衡现象，且有愈演愈烈之势。这种不平衡发展的趋势是深层次的问题。

发达国家大部分在北半球，而发展中国家主要分布在南半球，南北之间的经济发展差距形成了全球公认的"南北鸿沟"现象。南北鸿沟是全球经济发展中长期存在的突出矛盾。这种差距在很大程度上由北半球发达国家与南半球发展中国家的地理分布导致。20世纪70年代以来，全球贸易、资本流动和技术传播的加速推动了这种差距的扩大。北半球发达国家的经济增长和技术进步是创造财富的绝对优势，而南半球发展中国家的经济增长缓慢。全球化带来了机会和财富，同时也导致了更严重的不平等。尽管一些国家政府和国际组织正在尝试通过提供教育、医疗等基础设施的援助缩小贫富差距，但仍然面临许多挑战，包括政府腐败、政治阴谋、霸权、战争和环境等问题。

而从微观层面来看，全球财富两极分化和收入不平等是更为棘手的问题。全球财富两极分化的历史可以追溯到19世纪，工业化、产业化和城市化进程加速了财富的积累，让贫富差距深深地植根于社会结构中。在欧洲和美国等地，乘势崛起的经济中心城市如曼彻斯特、伦敦、巴黎、纽约等地的资本家空前富裕起来，而穷人则一代接一代地陷入贫困。20世纪初，工人阶层联合起来，以争取更好的条件和更公平的分配，英国、德国等一些国家开始采取社会福利措施来缩小贫富差距。第二次世界大战后，西方国家大力实施福利政策，实现了一定程度的社会平等。然而冷战期间的不稳定局面，进一步扩大了贫富差距。

贫富鸿沟发展至今，富裕阶层的富有程度是普通人无法想象的。根据瑞士信贷研究院《2021年全球财富报告》，当前全球最富有的10%的人群拥有全球82%的财富，其中最富有的1%的人群掌握了全球近一半（45%）的财富。到2020年底，最不富有的50%的人群拥有的财富不足全球总量的1%。过去几十年里，全球亿万富翁不成比例地占有了经济增长的大部分成果。《世界不平等报告2022》显示，全球最富有的前1%的人获得了从1990年以来所有财富增长的38%，最不富有的50%的人仅获得了2%。这说明尽管财富总量在增加，但财富分配差距也大幅扩大，收入不平等现象越发显著。这是因为创造财富的方式发生了根本性的改变。在农业社会，财富来源主要是土地，财富的产生受制于自然设定的天花板。土地的肥沃度、粮食的产量、天气和劳动力都是限定的，土地、劳动力这两个关键因素都是无法无限扩张的，所以自下而上，农民、地主、国家所能获得的财富都是有限的。到了工业社会，在技术的加持下，人类创造财富的能力获得了大幅提升，但工业的增长大部分仍然依靠自然提供给人类的各种原材料，也就是工业社会的财富仍然存在自然设定的天花板。而到如今的数字社会，在创造财富方面，人类突破了自然设定的限制。亚马逊、微软、苹果、Facebook、腾讯、阿里巴巴、谷歌等企业的产品覆盖了全球数十亿人口，这数十亿人口每天工作使用 Office 办公软件，线上购物、看视频、玩游戏等行为都在为几个巨头创造源源不断的财富，而这并不消耗太多自然资源。只要数据在不断运行，这些巨头的财富就可以持续增长。相比之下，依靠煤、石油等矿产资源的富豪，需要不断获取来自自然的新的煤、石油等资源，才能保障财富的增长。很明显，继土地、劳动力之后，数据成为创造财富的新要素并且是可以无限扩张的。正如张笑宇在《商贸与文明：现代世界的诞生》中所言的，在"正增长社会"，即持续实现人均经济产值增长的社会里，人是创造财富的源泉。人类文明中最大的财富就是个人。个人的想象力、创造力、天赋和努力是社会幸福和文明前进的重要来源。

根据《2009 年世界发展指标》，世界的发展不平衡问题在某些地区尤为突出。该报告指出，以赞比亚和美国为例，一个出生在远离赞比亚首都卢萨卡的乡村中的小孩的预期寿命还不到出生在美国纽约的小孩的预期寿命的一半。而且在他们短暂的生命中，纽约人每挣 2 美元，赞比亚的乡村人仅能获得 1 美分。更为严峻的是，一个纽约人一生的收入大概为 450 万美元，而生活在赞比亚乡村的人一生的收入还不到 1 万美元。这就是世界鸿沟的现实情况，短时间内无法轻易消除。贫富差距和资源分配不平等致使人们的生活条件和发展机会产生了巨大的差距。这不仅仅是一个经济问题，也涉及全社会公平和可持续发展等方面的问题。

美国是发达国家中贫富差距最大的国家之一，中东国家的这一问题也很严重。根据法国著名经济学家托马斯·皮凯蒂的研究，2018 年美国最富有的 1% 的人口获得了全国收入总量的 20%，最富有的 10% 的人口占全国收入的 47%。相比之下，最不富裕的 50% 的人口的收入仅占总量的约 13%。在中东地区，最富有的 1% 的人口掌握超过 30% 的总收入，最富有的 10% 的人口占有收入总量的 64%，而最不富裕的 50% 的人口收入约占总收入的 9%。种种迹象都在说明，财富加速流向富裕阶层。而且，富裕阶层不仅掌握巨额财富，同时还享有丰富的资源。在资产和资源的叠加效应下，他们能够获得更高水平和更多维度的收入。反之，贫困阶层可支配的资源有限，试错的成本相对更高。许多人只能依靠付出劳动勉强获得收入，摆脱困境的途径非常有限。正如托马斯·皮凯蒂所言，我们正在向"世袭资本主义"倒退，财富和权力的集中正在变得更加世袭化。

今天的社会在一定程度上是繁荣的、和平的、美好的，但同时也存在着比历史上任何时期都更严重的分裂和更大的鸿沟。解决全球鸿沟是一个长期挑战，需要全球的共同努力，包括加强发展中国家的基础设施建设、提高医疗服务水平、促进贸易和投资、推动技术转移、弥合教育鸿沟和数字鸿沟、消除极端贫困和饥饿等，国家、国际组织、企业和个人都应该参与到这一系列的弥合全球鸿沟的过程中。

第七节　世界变革

21 世纪 20 年代，"数字化"代替"信息化"成为时代发展的关键词。数字孪生、5G、区块链、物联网、人工智能、量子计算机、云计算等数字技术的发展，正在用数字重新塑造并诠释世界。疫情暴发以来，世界运作越来越离不开数据，数据成为经济、文化、医疗等领域中不可或缺的元素，逐渐成为关键的生产要素。"从宏观到微观、从客观到主观、从具象到抽象，所有的信息都在被全面、实时地记录，最终形成渗透到不同行业各个维度的完整数据链。"[1] 当数据作为生产要素被纳入到价值链环节时，必然要重新考虑价值分配的问题，就像土地、劳动力、资本、知识在社会经济发展的不同阶段逐步成为生产要素之后被进行价值分配，无限的数据将推动全球价值链的重塑。

---

[1] 《商业会计》的文章《元宇宙新经济的逻辑规则与税收治理》，2022 年第 13 期。

新一轮的数字科技革命为世界经济带来新的发展机遇,数字经济成为发展的稳定器、加速器。在疫情的冲击下,世界经济陷入严重萎缩,其严重程度在过去 100 多年里仅次于两次世界大战和 1929 年的大萧条。[1]这场疫情迫使全球经济按下"暂停键",数字经济为全球经济复苏提供了重要支撑。根据《全球数字经济白皮书(2022 年)》的测算,2021 年 47 个国家的数字经济增加值规模为 38.1 万亿美元,同比名义增长 15.6%,占 GDP 比重 45.0%。[2]

数字经济不只是停留在第三产业层面的经济变化上,更是实体经济的数字化。数字经济和实体经济的深度融合,为全球化新经济带来生机。根据《全球数字经济白皮书(2022 年)》,全球数字化转型正由效率变革转向价值变革、由企业内向产业链、价值链拓展。未来 10 至 15 年,以数字技术的变革创新及其与经济社会各领域融合创新为主要技术驱动的第四次工业革命将席卷全球,实体经济的各个产业将经历深刻的数字化转型。[3]

工业革命的核心特点就是机器取代人的劳动力,劳动力是生产力的重要组成部分。根据马克思的劳动价值论,商品的价值量是由生产商品的社会必要劳动时间决定的。而数字革命过程中,除了劳动力的投入,数字化经济中数据的产生和应用,以及数字技术的创新和运用,成为影响价值分配的重要因素。数据的所有权、使用权和价值的实现,成为各个参与者之间进行谈判和协商的重要议题。数字化越来越成为影响人类社会、世界秩序的核心因素。

历史的车轮再次开始转动,数字技术时代的大门向所有人打开,没有人可以阻挡。与 17 世纪蒸汽机的出现一样,数字技术以惊人的速度渗透人类文明的方方面面,甚至比蒸汽机时代更加全面地改造着人类生活的细节。世界因科技而改变,21 世纪更是科技主导的世纪。在以区块链、物联网、大数据、人工智能、虚拟现实等为代表的新一代科技革命和产业变革的推进下,人类经济发展正处在更加科技型、更需创新性的"新"经济发展进程中。开放、市场化和创新驱动的全球化发展是必然趋势,21 世纪世界将面临超级全球化。

---

[1] 《世界开放报告 2022》,中国社会科学出版社。
[2] 中国信息通信研究院,《全球数字经济白皮书(2022 年)》,2022 年。
[3] 中国信息通信研究院,《全球数字经济白皮书(2022 年)》,2022 年。

而由于对新一轮科技革命的认知和反应速度存在差异，以及对未来发展潮流的把握不同，国际主要行为体之间的力量对比发生着重大变化。马克斯·韦伯的国家观指出，国家具有一定的自主性，即国家处于社会之外，是一种独立存在的组织形态；国家垄断了使用暴力的权力；国家具有明确的边界；国家通过一定的机构实现自己的意志。在这个意义上，如果把国家比作超大型的经济体，它的产品或服务是维护社会秩序、保障公共安全、维持国家安稳，经营决策机构是庞大的政府组织，收入则是税收。它在不停地催促技术上的创新，也在不断改革自己的管理体制，以防止被真正强大的企业经济体超越。21世纪，以信息、数字、卫星等技术为主流的科技体系的潜力是无限的，可能完全颠覆目前的国家模型。事实上，一些世界超级企业已经领先一步，打破了国家的边界，以企业帝国的一己之力影响了全球。这反过来又刺激国家使用被它垄断了的暴力权力，来阻止这些超越国家权力的力量。这种变化将会引发关于国家模型的重新思考。

但无论如何，21世纪面临的超级全球化，是无论如何也无法阻挡的趋势。这一点可以通过马克·扎克伯格试图发行数字代币Libra的例子得到印证。Libra的登场引发了广泛的争议，但它也突显了全球化趋势下人类社会面临的变革。2019年，Facebook创始人扎克伯格试图在全球范围内发行数字代币Libra，有人称它为"第二美元"，引发美国监管层的争议和制衡。按照Meta公司（原Facebook）的说法，Libra以现金、短期政府债券等一系列稳定的资产为依托，价格波动性小，币值稳定。也就是说，每个新创建的Libra都有相应的资产，用户可以按照一定的汇率随时将Libra兑换为美元等法定货币。这和中国的支付宝、微信支付不一样。支付宝和微信支付直接与人民币挂钩，一元人民币对应着微信支付和支付宝账户里的一元。而Libra的币值具有独立货币的身份，不与任何一个主权货币挂钩。Libra遍布全球，涉及超30亿个互联网用户。如果这一愿景成为现实，Libra将颠覆金融秩序、监管秩序、货币秩序甚至国家秩序。

国际主要行为体之间的力量的变化引发国际格局的大洗牌、国际秩序的大调整。加上在疫情的冲击下，国际格局加速变化，又促使国际经济、科技、文化、安全、政治等格局的深刻调整，一环扣一环的链式反应将世界发展带向未知的方向。类似于15世纪哥伦布发现新大陆的情景，人类并没有意识到发生在未来的全球化浪潮。如今，对经济的掌控成为抢占国际格局优势的重要手段。当下，数字科技变革和产业变革席卷全球，数据的价值化进程正在加速推进，数字技术与实体经济融合，产业数字化潜能释放，新模式、新业态出现，这对国家的治理能力提出更高的要求。

数字社会形态已经成为全球的普遍形态。数字技术和数字经济的强劲表现，引导着社会在生活、经济、文化等各个领域的数字化转型。这种数字化转型成为各国保持经济水平和实现可持续增长的重要动力。数字技术已然成为各国应对国际环境低迷、抢占新战略制高点的关键。

在权力方面，这和《大国的兴衰》中反复强调大国主义的态势有着本质的区别：工业化的飞速发展，就像达尔文发现的"适者生存"法则一样，淘汰了那些抓不住这波浪潮的国家，取得成功的大国都是那些拥有强大的工业基础的国家。[①] 而数字革命这波浪潮，是开放包容的，它可以将任何一个弱小国家纳入新的全球秩序和经济体系中，使其在国际格局中掌握自身的主动权。国际格局中权力的变化呈现多极化、软实力崛起、经济权力重塑及新兴问题出现等趋势，这对全球治理和国际合作提出了新的要求。

---

① 保罗·肯尼迪，《大国的兴衰》，蒋葆英等译，中国经济出版社，1989年。

第七章　｜ Chapter 7

价值革命

西安交通大学 2023 年毕业典礼上，校长王树国在给毕业生的寄语中表示，第四次工业革命将会彻底改变整个世界。这个新时代，将会改变人类社会未来发展进程，你们将会拥有无限的发展空间。第一次工业革命、第二次工业革命、第三次工业革命仅在某个单项领域取得进展，进而带动社会发展。而第四次工业革命是一个全方位的"爆发"，它是一个质的跃升，是人类发展进程中的一个拐点。[①]世界经济论坛创始人克劳斯·施瓦布提出，第四次工业革命的本质，完全不同于前几次。它不是某个方面的进步，而是横跨了诸多领域，不同技术可以贯通起来，随心所欲地制造出时空无限的产品[②]。

猿人经历了数百万年的时间进化成人类。在距今六七千年前，文字的发明、劳动工具的使用让人类文明得以出现。以 17 世纪蒸汽机的出现为标志，人类进入了工业化时代。计算机的应用只有几十年时间，但世界却因此发生了翻天覆地的变化。要想找到代表第四次工业革命的某个单一产物，如机器人、量子计算机、DNA 重组技术等，恐怕会十分困难。这场横跨众多领域的集成式工业革命，速度、广度和深度我们可能无从掌握。

从数字技术角度讲，这场变革反映了传统的物质经济和生产力正向数字经济和数据生产力转型，同时也反映了单一的经济利益和生产力追求正向更为包容和共享的利益共同体转变。这是一场以价值为内核的全方位的社会革命。这个时代是价值化的时代。

尽管这场变革充满了挑战，但我们仍满怀信心，随着科技的不断进步，我们将迎来更加智慧的未来。这是一场以技术为主导的、伟大的、新的价值革命和人类文明变革。这场变革旨在构建一个能够容纳全人类的社会，一个能够催

---

① 西安交通大学第 114 届（2023 年）学生毕业典礼校长王树国寄语。
② 克劳斯·施瓦布，《第四次工业革命：转型的力量》，李菁译，中信出版社，2016 年。

生命运共同体的文明。

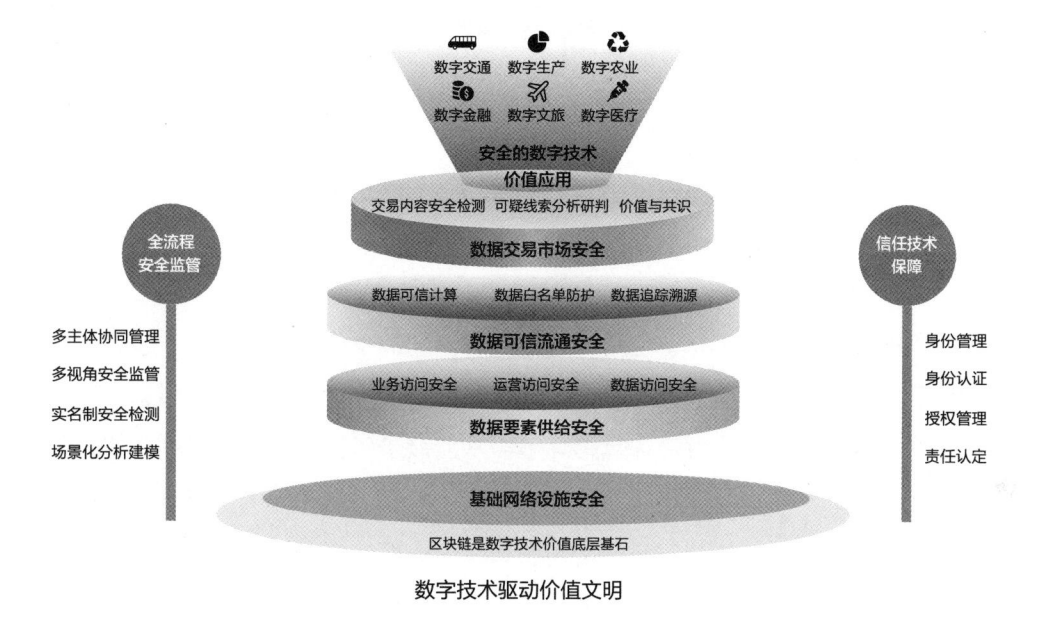

```
        数字交通  数字生产  数字农业
        数字金融  数字文旅  数字医疗
           安全的数字技术
              价值应用
     交易内容安全检测 可疑线索分析研判 价值与共识
              数据交易市场安全
       数据可信计算  数据白名单防护  数据追踪溯源
              数据可信流通安全
       业务访问安全   运营访问安全   数据访问安全
              数据要素供给安全
              基础网络设施安全
          区块链是数字技术价值底层基石
              数字技术驱动价值文明
```

全流程安全监管：多主体协同管理、多视角安全监管、实名制安全检测、场景化分析建模

信任技术保障：身份管理、身份认证、授权管理、责任认定

第一节　数字革命

1. 数字成为社会的 DNA

工业革命最重要的产物之一——铁路，其在相当长一段时间内是强国征服弱国、开采资源和控制殖民地领土的武器。这种现象也被称为"铁路帝国主义"。抛开战争的侵蚀，不可否认的是，铁路建立了经贸的联系，促进了沟通和合作，为世界经济发展做出了贡献。与铁路不同，数字革命的产物——数字空间打破了政治、文化、地域的边界，在用数字技术连接起来的空间中不需要争夺空间领域，也不需要争夺空间资源，更不存在征服的概念……数字空间最基本的功能是建立相对平等的沟通和合作渠道。数字空间中不存在敌人，人人都是伙伴。

数字成为人类文明的核心要素，贯穿并连接着一切事物。数字科技通过连接人们的意识，创造出一种全球性的集体智慧，即"用导线将群体意识连接起来，创造出某种星球之脑"。[1] 这种连接不仅改变了人们对于世界的认知，也影响了人类的情感世界。过去积累的生活经验如今已经不能完全适用了。今天的数字时代和昨天的工业时代，这中间需要跨越的鸿沟比历史上任何一个转折点都要深。总之，数字科技的崛起将数字化和连接性融入人类生活的方方面面，创造出全新的体验和机遇。

以前的数字，是信息，也是信息传递和流通的载体。而如今，数字是价值的体现。"数据一旦流动，就创造出透明。"[2] 数据转化为价值数据的过程需要经过流通、可信、过滤、智能计算等环节，从而赋予了信息更有意义的价值。数字核心角色的性质可以类比核糖核酸分子在生命进化中所起的作用。核糖核酸在生命中同时兼任机体和信息两个角色，一个核糖核酸分子既要担当起与世界互动的职责，又要传递信息以延续生命进程。而且，在生命进程中，核糖核酸分子与其他分子相互作用，参与细胞的生物化学反应，使得物体能够适应环境变化。核糖核酸是生命进程系统中的信使和信息，而数字是社会系统中的信使和信息。数字用来传达想法、知识、数据、意见等，数字在社会系统中也可以存储和传递大量的信息，维持社会的运行和发展。如今，数字与其他社会元素相互作用，参与到各个层面的运行机制中，让社会发展进程出现新的变化和挑战。

人们对数字价值的认知是世界发生根本性变化的必要条件。诺伯特·维纳曾经预言：宇宙的基石不是能源，而是信息转换。[3] 根据当前的技术发展态势，信息的基石是数字。数字在未来世界扮演着核心角色，信息化和数字化的能量将是未来社会的基础。数字是一种书写符号，是数字世界的底层逻辑。一串串的数字组成的数据，是事实、问题、观察结果、规律表现的原始素材，是对客

---

[1] 凯文·凯利，《失控：全人类的最终命运和结局》，张行舟、陈新武、王钦等译，电子工业出版社，2018 年。

[2] 凯文·凯利，《失控：全人类的最终命运和结局》，张行舟、陈新武、王钦等译，电子工业出版社，2018 年。

[3] 诺伯特·维纳，《控制论》，王文浩译，商务印书馆，2020 年。

观事物的逻辑归纳。数字包含了有价值的信息，一旦被具体表示，它就成为数据。数字技术背后运用的是可量化、可标准化、可复制的价值数据流。数字化转型的意义在于，把靠人类劳动力增长的生产活动转化为靠数据逻辑增长的生产活动，实现生产活动各个环节的快速规模化复制。因此，在21世纪的人类社会中，数字的重要性被人类社会逐渐认可，数据已经成为创造经济价值和社会价值的重要战略资产。

阿尔文·托夫勒在《第三次浪潮》中强调了信息对文明的重要性及历史上信息领域的变化。他指出，"文明不仅包括科技领域和社会领域，所有的文明都需要信息领域来生产和分配信息"。[1] 在古代，人们使用烽火台、喊话台、信鸽等古老的情报系统传递信息，同时也依靠简单的社交场所，如客栈、茶馆和酒楼传递信息。只不过，在漫长的人类社会历史中，这些信息传递方式大多服务于权贵阶层。处于农业文明时期的人类社会，农耕经济生产所需要的信息比较简单，不需要货币符号、资本力量的加持，所以即使普通百姓无法接触到丰富的信息，他们也能够在自给自足的封闭环境中生活。到了工业文明时期的人类社会，工业经济的信息服务就复杂多了。托夫勒指出，"第二次浪潮经济需要人们在不同场所紧密协调并一致行动，不仅需要生产资料，而且必须提供大量信息并仔细地传送出去"。[2] 在通信系统出现之前，人们依靠邮政系统传递信息。但邮政系统仍然是局限于部分组织内部的信息传递方式，改变不了"知沟"的现状。邮政系统传递信息速度慢、成本高，并且不能生产信息，无法满足工业革命扩张带来的大量信息传递需求。于是科学家们陆续发明了电报、电话和互联网等通信技术。起初，通信系统是服务于工业产业和资本家的，用于控制价值的分配、归属和传播。"标准化、大规模制造的'真理'就像标准化、大规模制造的产品一样，由少数集权的'形象工厂'传递给无数消费者。"[3] 这是工业文明中，政治、企业、品牌及媒体向大众传播信息的导向。

随着计算机、互联网、手机的出现，信息传递中的"知沟"现象终于消

---

[1] 阿尔文·托夫勒,《第三次浪潮》, 黄明坚译, 中信出版社, 2018年。
[2] 阿尔文·托夫勒,《第三次浪潮》, 黄明坚译, 中信出版社, 2018年。
[3] 阿尔文·托夫勒,《第三次浪潮》, 黄明坚译, 中信出版社, 2018年。

除。从古代专属于权贵阶层的信息服务,到工业革命服务于资产阶级的信息传递系统,再到如今人人都能轻松生产和获取信息。信息时代使得获取信息变得更加平等,而区块链技术驱动的数字时代则让人们拥有更加平等的信息价值权利,包括生产有价值的信息和获得有价值的信息这两方面的权利。其中,摒弃"标准化的真理"是文明在信息领域的一大进步。每个人都有机会摆脱固有的世俗标准,寻求彰显个性的信息真理。这看似微小的文明进步实际上具有深远的意义,它变革了生产和财富的分配方式,改变了现有的以大组织和权威角色为中心的社会秩序。在这个新的社会体系中,个性化的信息成为社会系统运转的 DNA,从而促使社会的基本结构从内到外发生深刻改革。

信息文明时代,数据是社会发展中流动的血液。信息传播和共享更快速,跨时空、跨地域的联系更容易,生活和娱乐方式更丰富,文化知识生产规模增加,经济全球化的趋势更明显……人类社会在信息技术快速发展的背景下进入了一个生活和工作各方面操作比以往简单、快速、多元的模式。信息时代的变化是深刻的和广泛的,这种变化改变了人们的生活方式,也改变了经济、文化和社会的组织方式,但数据可能依然只是发挥了其表层的价值。当人类激发了数据更深层次的价值的时候,价值文明时代就将到来。

价值文明时代,价值数据是社会发展的血液。价值数据指的是可信、可流通、可辅助(甚至决定)决策且具备商业价值和社会价值的数据。价值数据不仅包括传统的产业结构化数据,如销售数据、顾客数据、供应链数据等,还包括越来越重要的非结构化数据,如社交媒体数据、移动设备数据、物联网数据等。在商业方面,它可以帮助企业更好地理解顾客需求、优化业务流程、预测市场趋势和发现新的商业机会。在社会运行方面,它可以帮助政府、公益组织等更准确地掌握社会现象和问题,制定更精准、科学、有效的措施,提高社会治理的能力和效率。价值数据提供有助于社会进步的评估方式,帮助人们了解社会的需求,是数字时代人类社会生产和生活至关重要的核心资源。

2. 数字信任

人类社会所有的价值交换行为,无一不建立在信任之上。区块链是数字时代"创造信任的机器"。存储于区块链中的信息,具有不可伪造、全程留痕、全程可追溯、公开透明、集体维护等特征,这为信任体系的运作提供了基础。区块链是数字革命的导火索,因为区块链拥有数字时代的信任基石——可信的数据。"信任""流通""价值",区块链赋予数据的这三大特性,是数字作为数字经济时代关键生产要素的必要条件。

不断突破社会学领域中的信任维度,是人类社会发展的规律之一。信任依靠共识,确切地说是价值共识。只有建立了价值共识,个体的行为才能够自我约束,群体才可能进行有效合作。道德和名誉、规则和法律、制度和权利,是人类在艰辛的历史过程中建立起来的信任机制。但是在数字世界里,人类社会努力建立的信任似乎不再那么有效。互联网兴起之初,"社交猎食鲇鱼"的现象广泛存在。鲇鱼一般是指利用虚假信息在线创建一个不代表其真实身份的人物的人,他们会利用这些信息来创建一个更有吸引力的形象,然后与其他人进行一对一的互动,而被欺骗的人意识不到真相。直至今天,诸如人肉搜索、网络暴力等应当被管控的行为仍然猖獗。

为什么数字世界里普遍缺乏信任呢?究其原因,是数字世界与现实世界的脱节,尤其是价值认知和价值共识机制方面的缺失。信任源于现实社会中的价值共识,然而在数字世界里,个体的身份、社会关系与现实世界脱节,因此也就无法将现实世界中的价值共识完全平移到网络上。这种脱节现象导致了数字世界中的信任的缺失,数字社会中的信任还处于重塑和再造的莽荒阶段。

在现实社会中,每个人都有唯一的身份标识,如身份证号码、社会保险号。身份不仅是承载着社会权利和义务的载体,也是个人行为的约束机制。在现实世界,个人行为有明确的参照物,可以是社会道德、法律制度等。身份是建立信任的重要工具。而在数字世界中,初期的互联网是匿名的,不需要实名认证,缺乏明确的约束力。如果按照这个趋势发展,互联网的混乱局面可能变得无法控制。为了解决这个问题,网络实名制应运而生。然而,实名制本质上是对数字身份的补充说明,其主要目的是证明数字身份某些属性的真实性和有效性,如性别、年龄、国籍等。但是实名制并没有解决数字世界所面临的信任挑战,如网络安全事件频发、隐私数据泄露、网络欺诈泛滥等问题。根据普华永道的《2023年全球数字信任洞察调研中国报告》，数据治理、隐私保护、创新风险、网络安全正在成为企业数字化转型中所面临的最为严峻的几大风险。这些问题不应该是数字世界的常态，也不应该成为妨碍数字经济进一步发展的绊脚石。

数字空间是现实空间的映射和延伸，然而现实空间的价值过程和信任机制形成的经验在数字空间中无法如法炮制，所以数字空间中数字信任的机制需要重新构建。同时数字信任重塑的过程也将大大影响现实世界，因为数字信任机制形成过程中的价值源于现实世界。数字价值的过程包括价值创造、价值存储、价值分享、价值分配、价值交易等一系列行为，而价值的载体就是基于区块链的可信数字。

区块链是聪明的机制和可信的账本。区块链采用聪明的机制达成共识，形成了一个可信账本。它从不信任的基本假设出发，产生集体的信任。在区块链的语境中，共识具有两层含义：第一，由数百人共同形成的账本，对所有参与者都是可信的，这是宏观的共识。第二，在每笔新的交易中，比如将一笔比特币转给他人或比特币矿工因挖出一个数据块而获得奖励，所有人对这个交易的一致认可也是共识，这是微观的共识。所以，区块链这个新协议带来的是两个新的关键词："可信的协议"和"价值互联网"。

区块链的工作原理可以简单描述为：将交易数据按照时间顺序记录在一个成为区块的数据结构中，并通过密码学的方法将每个区块与前一个区块连接在一起，形成一个不断增长的链条。每个参与网络的节点都可以验证和存储这个链条，并共同维护整个系统的安全和一致性。

区块链不是新技术，不是新的科学发明，它是多种成熟技术的巧妙组合应用，是一套信任体系的生产工具。它的独特之处在于，促进生产效率的提升和生产关系的改变。区块链的初衷是解决人和人之间的不信任问题，采用人人参与记账，人人都有账本的机制，即通过分布式记账方式，存证在分布式账户，形成分布式总账的模式，让账本数据具有不可篡改、多方存证、可溯源等特征，建立起陌生人之间的信任关系。

区块链不能保证人人都说真话，也不能保证真实性。但区块链可以保证的是，当你说假话的时候，大家会共同见证、验证、存证、指证你说假话的整个过程，你将为此付出失信的代价。在区块链中，被大多数人认可的信息（和共识机制有关），就是可信的，从而获得信用积累与相关奖励（和通证的设计有关）。因此，区块链利用了人性的恐惧与贪婪，让人们因害怕被曝光失信行为受到社会惩罚而规范行动，从而促进社会关系朝着诚信的方向发展。

区块链是一种社会信用关系的新机制，也是一种模式创新。区块链囊括了哲学、社会学、逻辑学、法律、经济学、金融学、货币学、会计学等学科理论，利用数学、密码学等基础科学，基于互联网与计算机软件工程、物联网等方法，重新构建了一套信任体系的社会生产工具。

区块链作为信任机器的数字网络，每个 ID 的行为都可全过程追溯、分布式记录且不可篡改，好的及不好的行为都以大数据的形式存储在链上。不好的大数据将有效制约 ID 在数字空间中的行为，而好的大数据可以成为令其他 ID 信任的基石，甚至在 NFT 的转化下，成为个人所拥有的数字资产。数字空间的信任可以摆脱现实世界中道德和名誉、规则和制度、法律和权利等的约束，以"数字"作为信任唯一的存储介质。数字信任将使得数字空间中的交易等社会行为变得更加透明。

尽管现有的区块链只能实现数字的可信和不可篡改，无法立即构建复杂的信任机制，但它总有一天会解决数字世界中复杂的信任机制问题。未来，可信、实名的数字资产产权、公共账本的安全机制、新的数字货币价值准则及数字法律将是区块链信任生态演进的主要趋势。数字社会将以可信数字为主要的信任基石。

数字信任是维护网络空间秩序、保证数字经济繁荣和维持社会稳定的基础性和关键性环节。面向未来，创建一个可信任的数字世界是未来人类文明的关键部分。

3. 新财富：数字资产

资产是个人或企业控制或拥有的有价值的资源，于交易过程中形成，并且能够在未来的交易中继续创造效益。在物理世界中，人们对通过自己的劳动获得的成果享有权利。而在数字世界中，大部分的数据是由个人的千万个琐碎生活行为汇聚而成的，但这些数据并不属于个人，而是被平台垄断。

在数字资产成为人类的新财富之前，数字确权问题至关重要。未来，我们大部分的工作和生活都会迁移到数字世界中，但如果我们无法对自己产生的数据拥有所有权，也就是说这些数据可以随意被别人交易，被少数的大平台垄断，那么数字世界只会成为少数财阀们的游戏。这也意味着新的经济体系无法落地，财富创造对普通人来说将成为空谈。

这次经济变革的核心是，由全体人类共同参与，而不是由少部分财阀主导。数字资产的价值如果无法确认，大量有价值的数据往往只会属于少数大平台，数据被垄断，这与可持续发展相悖。而数字确权体现了平衡、平等和可持续发展的大趋势。

区块链为个人在数字世界中拥有数据的所有权和将数据转化为数字资产提供了可能，个人甚至可以选择将自己的数据出售，以获得收益。也就是说，区块链可以让个人在数字世界中产生的数据转化为数字资产，这个数字资产是可以产生实际效益的，是可以创造财富的。比如一个人创作了一件数字艺术品，并生成 NFT，锚定这件艺术品的所有权，创作者就可以自主决策是否授权数字画廊展出或交易，并获取作品创作的部分收益。这属于创造性数据确权的方式，能够赋予个人更多的掌控权和经济机会，为数字世界的参与者带来新的财富创造方式。

在数字世界中，个人贡献的数据包括两大类：一类是映射现实世界行为的数据，比如点外卖、打车、购物等；另一类是数字世界中创作成果的数据，比如数字艺术画作、开发的游戏、写的小说、发的朋友圈等。这两类数据结合，通过强大的算力分析，能够形成个人在数字世界中独一无二的数字人。数字人及其包含的数据的所有权应该是属于个人的，它是个人在物理世界中存在的一部分。数字人在数字世界中的所有行为都在区块链上开展，产权清晰，无法篡改，每个人都可以成为自己的数字人的主人。

但今日的互联网发展，使得原本非中心化、开放的数据进入一个个封闭的系统。我们在使用平台的服务时，需要将自己的数据和资产托管到这些平台，并且在大部分情况下，这些平台默认享有这些数据的使用权和所有权。数据越来越中心化，存在的弊端显而易见，如个人信息被泄露、恶意交易，以及诈骗和广告骚扰等。此外，在网络游戏中，关于道具权属的争议也凸显了平台垄断数据的问题。在人们的认知中，用户在游戏中创建的ID、形象等数据，包括购买的道具都是属于游戏公司的而不属于个人。数据收益的获取方面也存在争议。为什么Facebook利用大数据精准推送广告获得的收入只能属于Facebook，而创建这个大数据池的用户却没有这份广告收入的分配权？谷歌等公司曾在用户搜索过程中把支付了广告推广费用的服务推送给用户，以实现获利，但用户失去了搜索结果的客观性……总之，随着数字化的广泛普及，个人数据已经成为大型科技公司的商品。这些公司通过收集、分析和利用用户的数据来推动其商业帝国的创建和财富的积累，而用户的权益和隐私则成为次要，并且用户无法获得由自己的数据带来的巨额财富。《人类简史》和《未来简史》的作者尤瓦尔·赫拉利说得对，他说："我们已经沦为数据巨头的商品，而非用户。"

种种迹象说明，作为互联网用户，我们从未真正拥有数字空间中最关键、最宝贵的资源——数据。尽管习以为常，但这并不意味着我们放弃了争取对自己创造的数据的所有权，而是当前的技术未能精准实现每个数据的确权。因此，我们需要重新思考数据所有权问题，找到对应的解决方案。我们需要探索创新的技术和法律框架，以确保个人能够享有自己在数字空间中所创造的数据的所有权。

当所有权问题解决后，数据产权的收益不断变大，数据的价值日益凸显，数据开始具备财产属性。在建立数字信任的基础上，数字确权赋予了以数字形式表现的一切事物的价值。数据作为有价值的资产，应该属于数据的创造者，创造者应该从中获得合理的经济回报。

未来，中心化互联网机构垄断数据资产、滥用用户隐私数据的模式会逐渐瓦解，取而代之的将是一个充分实现数据权益保护、数据资产化和要素化的全新经济体系。[①] 区块链、NFT、数字孪生等数字技术的融合可以为个体提供极

[①] 于佳宁，何超，《元宇宙》，中信出版社，2021年。

低成本的数据确权服务,并通过智能合约实现数据的自由交易和价值分配。这样一来,数据可以成为个体的资产,个体可以自主管理自己的数据,选择何时、如何及与谁共享数据,最大化激发数据的潜在价值。

200年前,人类的大部分财富来自农业;100年前,人类的大部分财富来自工业;现在,互联网、人工智能、数字空间为人类创造了更多的财富。由农业和工业创造的财富是资源型财富,今天,人类的财富创造更趋向于数字化。数字化财富的特点是可以无限复制、传播,且不受自然资源的限制。数字化财富的价值取决于人们的需求。

"以利益不对称、信息不对称为标志的旧的文明已经日薄西山,其发展再也不可持续。"[1] 这种不对称性导致了一些人在获取利益和控制资源方面具有优势,而其他人则处于劣势地位。"旧文明中,财富的特点是挣一半、扔一半。这样的文明不可持续。"[2] 与传统资源型财富相比,数字化财富具备可持续性和可扩展性,因为它不依赖于有限的自然资源。数字技术解决了信息不对称和信息不流通的核心问题,实质上是解决了生产与消费对立的问题,实现从价值对称到利益对称、理想对称、自由对称,从而创造适应人们需求的价值财富。

第二节　价值互联网

第一次产业革命,蒸汽机和机械化形成了四通八达的资源流通的交通互联网;第二次产业革命,发电机和电气化形成了遍布千家万户的电能互联网;第三次产业革命,电子计算机和信息化形成了联通亿万数据的信息互联网;第四次产业革命,量子计算机和智能化将形成人类生命结成共同体的价值互联网。[3] 价值衡量标准开始由数据来主宰。

---

[1] 姜奇平,《新文明论概略》(上卷),商务印书馆,2012年。
[2] 姜奇平,《新文明论概略》(上卷),商务印书馆,2012年。
[3] 克劳斯·施瓦布,《第四次工业革命:转型的力量》,李菁译,中信出版社,2016年。

互联网诞生于 1969 年 10 月 29 日的一次美国大学生的实验。从第一次尝试计算机连接到第一封电子邮件发送完成，研发人员用了三年时间。这些技术先驱肯定没有想到互联网将改变整个世界。从 20 世纪 90 年代中期互联网开始进入公众视野以来，它迅速催生了第一波互联网革命。谷歌、亚马逊、Facebook、腾讯、阿里巴巴、优步、滴滴、苹果都是那个时代受益的企业。随着信息技术的发展，互联网对科技、经济、文化、生活和商业产生了革命性的影响，电子邮件、网络浏览器、即时消息、网页搜索、社交媒体和在线购物等得到了广泛普及。随着区块链、人工智能、大数据、量子计算技术的进步，移动手机的普及，以及企业数字化转型和社会治理的智能化建设，互联网从1995 年左右的"信息高速公路"发展成了社会中无处不在的力量。特别是区块链的出现与发展，使得互联网进入可信的网络时代。

信息系统相互连接形成了覆盖全球的互联网。互联网的出现与发展，成为推动人类社会发展的重要引擎，为人类文明进步提供了新的动力。互联网极大地促进了人类经济和社会系统的发展。特别是在疫情与经济危机并发的情况下，互联网在抗击疫情、复苏经济、激发需求等方面产生了重要的作用，体现出了非凡价值。区块链、人工智能、大数据、量子计算等技术正在重构未来的互联网，以元宇宙为代表的新一代互联网正在兴起，创造出前所未有的经济社会价值，这是价值互联网的含义。

价值互联网是以精准可信的大数据为基础、以人为本的价值共享网络，是以人机协同为形态的智能系统网络，也是以数字产权为载体的价值流通网络。价值互联网是人类社会网络系统进化的最高形式。价值互联网的主要载体是数字技术，即数字基础设施。价值互联网的主角是人，人在这一新的基础设施上互动并在网络中实现更大的人生价值。

价值互联网表示连接价值的数字经济网络，它与信息互联网存在本质区别。信息互联网是信息存储的空间，而价值互联网则是更高层次的，是发现价值、创造价值、存储价值、转移价值、价值交换等以价值为核心进行系统运行的数字空间。在价值互联网中，因为数字能够存储价值，因此数字成为价值存储资产方式之一。

价值互联网是一个新兴的跨界领域。它是科学，是人类对科学不断探索的成果，它融合各类技术于一身；它是哲学，是认识论和方法论的统一，是对客观世界中的事物本体及其认识的统一；它是价值，是人的价值与社会价值的统一，是商品价值和使用价值的统一；它是平台，是人们生活、交往、工作的平台，是社会治理、生产、交易的平台；它是文明的第二空间，它提供精准、可信的价值大数据，让人们的生活、生产、治理方式更文明。

价值互联网的核心是在网络中实现数字的精准、真实、可信，以及数字化的价值创造、价值表达和价值流通。人们要实现价值互联网，首先必须理解互联网信任形成的机制。人与人之间的每次互动都需要在可信的平台上进行。信任价值创造的本源，是经济运行的基础，也是社会秩序的保障。随着人类文明、社会和市场的发展，信任的作用和意义愈发重要。

这种互联网信任形成机制，主要是源于区块链的出现与应用，区块链把互联网从"信息互联网"带向"价值互联网"。在区块链的对照之下，最初被形象地称为"信息高速公路"的是互联网处理的信息，而区块链处理的是价值。从 2008 年到 2018 年，酝酿了 10 年的区块链弥补了互联网与数字世界中一直缺失的另一半。区块链提供了在数字世界中处理价值所需的两个基础功能：价值表示和价值转移。现在，如果区块链是互联网 2.0，互联网曾经带来的改变以区块链的方式再来一次。随着区块链的进步和相关基础设施的完善，各种意想不到的应用将会涌现出来。

区块链本质上不是一种技术，而是一种新的机制或技术逻辑，是将已有的加密技术、存储技术、传输技术等用新的逻辑方法融合，而形成的一种共识机制。就像计算机语言"0"与"1"的出现奠定了工业革命与工业文明一样，这是一种颠覆性的机制，一场人类技术与文明的新的革命将会兴起，人类各项活动都将依据价值数据与信息展开。

区块链的价值互联网大大降低了人与人之间的信任成本，技术的日益成熟会让数字金融服务得以普及。在不久的将来，在价值互联网上，企业和公民都能发行自己的"价值数字通证"，以用于互信互换、交易结算、客户管理和社会关系维护。甚至通过价值互联网或元宇宙，在网络世界中，人人都可以有自己的数字资产，人人都可以是艺术家、科学家，拥有真正的"理想国"。在非金融领域当中，区块链技术联通形成信任机制，包括经过 DNA 认证的全球 ID、全球通用的电子签章、全球法律追责等。在价值互联网上，人人都能建立信任价值，人人都是互联网"价值银行"。价值是价值互联网及元宇宙的核心。

"价值银行"与传统意义上的"货币银行"有着本质的区别。"价值银行"是在区块链上生成的，使用的是价值数字通证，而不是传统意义上的货币。价值互联网及元宇宙中的数字货币将不会是单一的数字法币，而是成千上万种价值数字通证。每家企业、每个人都将拥有自己的价值银行，都可以管理自己的价值数字通证。价值数字通证不但可以在企业和个人之间的交易行为中使用，也可以作为企业内部不同部门与个人之间的有效价值媒介，而且还能在企业内部运营和个人社会关系中作为数字通证流转，具备传统股票甚至是货币都无法拥有的流动性。在交易过程中，系统会自动验证身份并进行记账和转账支付。价值数字通证之间，以及和法币之间，可以按照汇率进行兑换。价值数字通证不仅是人们交换商品的价值媒介，也是一种可长期保存的数字资产。

货币价值形式是商品交易演进过程中人类价值观念比较高的阶段，也是更文明的历史见证。未来，价值互联网和元宇宙的价值媒介不会仅限于一些国家或国际组织的中央银行的法币，而是价值数字通证。价值互联网使得每个人和每个机构都可以生成价值数字通证。随着区块链成本的降低与效率的提升，每个人都有可能成为银行家。我们可以将个人和机构想象成一家价值银行，可以将其创造的商品服务价值作为信用基础在互联网上开发，作为价值媒介的定制化数字货币，对这些定制化数字货币保存和放贷的经济主体就是"数字价值银行"。

价值数字通证不仅是权利凭证，而且是真实交易的公共账本，其本身就是企业和个人在互联网上的全过程行为的见证工具。价值数字通证包含了价值创造、价值分配、价值交换和价值分享的主动信息。例如，传统股票市场暴露出越来越多的信息造假和道德风险问题。传统股票仅仅是一种凭证，其作用是证明持有人的财产权利，而不像普通商品一样包含使用价值。传统股票也不像货币一样可作为一般等价物自由流通，而一般是在交易市场流通。由于信息不对称、数据失真、监管滥用及流通性问题，信息披露依赖于市场通告和新闻媒体，主动信息通道容易被阻塞，最终让市场产生错误的价值判断。区块链的价值就是，让每个人的财富回报和价值创造直接等同。价值互联网解决了信息不对称的问题，区块链解决了价值不对称的问题。因此价值数字通证能够解决股票市场的欺诈和作假问题。

价值互联网将每个人的价值连接成文明的整体价值，以普遍科学的信任替代地缘政治的权威。人类各类活动越来越依附于价值互联网所体现的价值协议，数字技术将价值协议升级为数据的、开放的、透明的、自主的，而非意识性的。这种价值协议将成为人类社会生产和生活新的运作方式。

价值互联网是包括最多社会成员价值的共同体，价值协议对于每一个成员来说都是同等的。有了这个协议，人们就从货币使用者状态进入了价值所有者状态，从商品交易者状态进入了价值创造者状态。人们因价值协议丧失的是对货币的依附及货币的幻觉，而他所获得的，乃是创造价值的自由及对整个社会价值的享有权。[1]

但任何技术都不可能完美无缺。目前，在以区块链为基础逻辑的价值互联网中，整体的信任体系还存在不足。要真正实现价值互联网，就必须解决目前区块链存在的问题，并按区块链逻辑与机制，不断融合更多技术。同时，作为价值互联网基石的区块链的使用也需要社会的参与，并接受社会的监管。

第三节　价值重构：新价值链

"生产力和生产关系、资本和劳动、使用机制和交换价值的无限自反性：这就是生产在代码中的分解。"[2] 今天，代码转变为数字，成为价值的符号，那么"价值规律主要不是存在于一般等价物影响下的各种商品的可交换性中，而

---

[1] 蔡剑，《价值互联网：超越区块链的经济变革》，清华大学出版社，2021年。
[2] 让·波德里亚，《象征交换与死亡》，车槿山译，译林出版社，2006年。

是存在于代码影响下的各种经济学（及其批判）范畴的更为根本的可交换性中。"①

世界正在从以能源为基础的工业社会向以通信为基础的信息社会转变，迈向更加注重价值的社会模式。在这个转变中，只有具备全社会的洞察力、战略思维及积极参与的能力，才能把握新的经济发展模式，即以不断迭代的技术解决方案驱动的新经济趋势。在这种趋势下，已经萌生了价值贸易、创造者经济体、数字资产、去中心化金融（DeFi）、新交易介质，去中介化的、平等的、可信的、自由的新价值链正在被迅速创造。新价值链不仅可以为作为人类的每一个个体创造更好的机会、提供可观的经济利润，也有能力修复现有世界的BUG（漏洞）。

1. 价值贸易

在国际经济交往中，跨境贸易是最为复杂的社会经济活动，是影响人类文明发展至关重要的环节。然而，跨境贸易通常涉及来自不同法律辖区的企业和消费者。在市场主导下，商品物流的链条长，结算支付过程与手续复杂，信息无法实现互联互通，缺乏高效的争议解决机制，还有诸多商业风险和法律风险。这些亟待解决的问题，是阻碍贸易便利化的关键因素。**要想实现全球的共同富裕和可持续发展，就要努力构建自由、诚信、公平的贸易新秩序、新规则、新体系。**价值与贸易是相辅相成的，而贸易依赖于生产活动。前面阐述的生产要素、生产力、生产关系等一系列的深刻改变，也必将带来贸易活动的变革。世界贸易可以调节地区生产要素的利用率，根据地区的实际资源现状改善供求关系，使地区本身的价值最大化，以提升当地人民的生活水平和促进经济繁荣，这是世界贸易的初心。但是现实中，有些国家似乎忘记了这个初心，将贸易当作武器，制造了一系列矛盾。在新价值链中，覆盖业务订单、产品质量标准、业务履约、物流、支付结算、争议解决的一套透明的贸易数据体系正在形成。数字化贸易正在带动全球贸易链的创新，数字技术正在驱动的可信贸易

---

① 让·波德里亚，《象征交换与死亡》，车槿山译，译林出版社，2006年。

生态，是数字经济至关重要的推动因子和参与因子，我们称之为价值贸易。遵循着历史发展规律，传统世界的贸易必须向价值贸易转变。

首先，我们来说价值与价格。

古典经济学认为，价值和价格并不等同。在亚当·斯密的《国富论》中，物品的真实价格包括了劳动价格和货币价格两种。亚当·斯密认为，劳动是第一性价格，是一切货物最原始的抵偿形式。世界上的任何商品最初都是用劳动而非金钱购买的。因此，当谈论物品的价格时，人类的直观概念或认知应当是基于单位货物或服务的价值，所以价值决定了价格。然而，价格始终是一个抽象的概念。在我们谈论物价高低的时候，我们用于衡量物价的单位源于统一的货币单位，用卡尔·马克思《资本论》中的观点来说，也就是一般等价物。换句话表述，一般等价物可以理解为一种特殊的商品，是商品生产和商品交换发展到一定阶段的产物。我们这里可以举个例子。王永生先生在他的著作《三千年来谁铸币：50枚钱币串连的极简中国史》一书中提到过："我国古代最初充当一般等价物的商品，外来的交换品是海贝，内部可以让渡的财产不是大多数国家所使用的家畜，而是青铜制作的铲形农具。"[①] 王永生认为，以铲形农具作为一般等价物的交换方式是我国早期货币文化根植于农耕文明的显著特点。该书还专门提到，金属铸币和贝币的角逐终于春秋战国时期，青铜代替了贝币成为普遍铸币的原材料。直到秦帝国建立后，度量衡和钱币的统一才使得钱币系统中的货币形态真正被确立下来。这样一来，我们就可以知道，在早期的时候，人类最初的交换是物与物的直接交换。但是当交易的范围扩大、品种增加时，这种交换就显得非常困难，交换效率的低下严重阻碍了商业的发展。因此，我们应该寻找一种独特而共性强烈的商品，用于充当交换货物的筹码。所以，交换的本质仍然源于需求，且随着需求的不断增加越来越频繁。

钱币就是这样一个特殊而具有强烈共性的商品。

因此，当一种金属的化学性质、物理性质稳定而矿藏量又相对小的时候，就容易成为铸币的原材料。与此同时，通货膨胀和通货紧缩在一定程度上取决

---

① 王永生，《三千年来谁铸币：50枚钱币串联的极简中国史》，中信出版社，2019年。

于矿藏量的高低。这里以贵金属货币为例，金价、银价的涨落受到当时矿产量的影响。亚当·斯密认为，一定量的金银所能购买的商品量或所能支配的劳动量，往往取决于当时的金银矿出产量。回顾欧洲资本世界的发迹史，我们得知，伴随着欧洲资本主义的萌芽，资本家们拓展、探寻新的原始资本积累的欲望使得当时的欧洲大陆无法满足需求。因此，当已探明储量的贵金属矿产几乎被发掘完之后，欧洲人开始探索新的航线。从16世纪大航海时代开始到20世纪，欧洲国家不断扩张领土，很多地方沦为欧洲国家的殖民地和原材料产地。当然，远方金矿的发现也伴随着资源流入地经济的繁荣。林梅村先生所著《观沧海：大航海时代诸文明的冲突与交流》中有考："535年后，西班牙在美洲大量开采银矿并将其铸造成银币，由于西属美洲银元重量相对统一，成色标准，因此，在当时的东西方贸易中广受欢迎，中葡之间的贸易转而使用西班牙银元。"[1] 我们不难得出，银元通货的使用始于中外贸易，而其成为通货的原因也不外乎是因为其矿藏量稳定、丰富、易寻。

为什么历史上的钱币退出流通领域、跨越了千年后，反而成了价值连城的宝物呢？答案是——物以稀为贵。

那么，为什么物以稀为贵呢？

我们读亚当·斯密的《国富论》时，往往看得见这样的疑惑，即"价值悖论"，也称"钻石与水悖论"。亚当·斯密的疑惑在于：水对人的生命很重要，可是水的价格相对来说很低。钻石对于人的生存没有太多实际意义，可是价格却很高。一个是人类不可或缺的生活必需品，另一个是奢侈的消费品，然而两者的物价却是天壤之别，这种强烈的反差就构成了这个悖论。但是这样的问题对于古典经济学家重农学派的代表人安·罗伯特·雅克·杜尔哥来说，并不足以成为矛盾。在其观点中，价格是人的主观追求，我们常看到在电视剧中出现灾荒时，往往有人用贵重首饰来交换粮食和水，说的也是这个道理。事物没有固有价值。18世纪70年代，边际主义兴起，凯恩斯经济学对此作出了发展论述——物品的价格不光由它的价值决定，还由边际价格决定，即在当前情况下

---

[1] 林梅村，《观沧海：大航海时代诸文明的冲突与交流》，上海古籍出版社，2020年。

再增加一份该物质所需花费的价格就是该物质的价格。在这里我们不具体探究钱币的边际价格和具体的职能、属性，但是一枚古币的背后所反映的，不仅仅是当时物价的衡量条件，更多的是一个时期、一个国家、一个地区的人文历史变迁，其社会价值更是不可估量的。

我们可以看到，生产力的更替影响着价值的形成。但是，要想判断一件物品是否有价值，就只能依靠个体消费者的主观评估。当学者花了数十年时间研究的成果无法转化成商品时，不管在这上面投入了多少劳动，它都没有任何经济价值。因而，商品和服务的价值是消费者评估的结果，商品和服务的相对价格是由消费者对这些产品的评估结果和欲望强度所决定的。在后面的章节，我将继续和大家聊一聊，作为企业人，我们如何使消费者对我们生产的商品满意，如何使价值变得更有价值。我将从基础设施讲起，聊一聊价值互联网中基础设施的建设，还有最近几年才被提起的时髦玩意——区块链。

其次，我们来说价值形式。

贸易或者说商品交换塑造了世界，推动了人类社会的发展。商品交换是基于物品的价值来进行的，商品本身不能表现自己的价值，只能通过商品的交换或商品的使用相对地表现出价值，商品是使用价值和价值的统一体。作为使用价值，它以商品本身，即以商品的千差万别的自然形态而存在；作为价值，它是统一的、无差别的人类社会劳动的凝结，是抽象的，看不见也摸不着，就像一个物品的重量必须通过度量器具来称量。商品具有千差万别的使用价值，所以才有商品交换的必要；也因为商品都具有相同的价值，不同的商品之间才可以交换。人类对商品价值的不懈追求，形成了商品的社会属性，即价值，只有通过商品的交换才能证明其存在。

商品是使用价值和价值的统一。价值纯粹是商品的社会属性，价值实体虽然是已经消耗的劳动力，即劳动，但并不是任何生产物质产品的劳动都会形成价值，只有交换，才能体现价值。商品的使用价值是实实在在的，是看得见、摸得着的自然形态，一目了然，体现着不同的使用价值。商品的价值实体是物化在商品中的一般人类劳动，与使用价值不同，商品的这种价值实体是看不见、摸不着的。只有劳动产品成了供交换，即供他人使用的商品，物化在商品中的劳动才需要互相比较，才需要撇开其特殊的有用性质而把它看作无差别的一般人类劳动，即抽象劳动。劳动产品转化为商品和消耗在产品生产中的劳动转化为价值，都是特定的社会关系的表现。价值形式伴随商品生产和商品交换的发展有所不同，自从出现商品交换以来，在历史上出现过多种形式，比如简单的价值形式、扩大的价值形式、一般的价值形式、货币的价值形式。

第一种是简单的价值形式。它是人类最初的物体交换，是商品交换处于萌芽阶段的价值表现形式。这种价值形式可用如下的等式来表示：一只鸡＝一筐土豆。这种商品交换最初是在原始部落之间发生的，具有很大的偶然性和随意性，并不是经常发生，因此被称为简单的价值形式。它的形式虽然简单，但对人类文明的进步意义非凡，它标志着人类开始从野蛮暴力向价值交换的文明进化。

第二种是扩大的价值形式。这一阶段，商品不是偶然、随意交换的，商品的价值在另外一种商品上有目的地、经常地表现出来。这种价值形式可用如下的等式来表示：两只鸡＝一筐土豆。这一价值形式反映了生产力和社会分工有了一定的发展，并且在该条件下商品交换关系日益完善。在出现了农业和畜牧业的分离以后，尽管畜牧部落和农业部落基本上仍然是自给自足的自然经济，但由于劳动生产率的提高，可以用来交换的产品已较之前增多。交换成为经常发生的事情，交换的范围也扩大了。因此，商品的价值表现扩大了它的范围。

第三种是一般的价值形式。前两个阶段的商品交换，都是直接的物体交换。一种商品同另一种商品交换，不借助于任何中介物。这种形式既不稳定，也不安全。因此，人们在实践中就从大量商品中逐渐筛选出被普遍使用并共同认可的商品作为交换媒介，其他商品交换都用这个媒介来进行。也就是说，这一阶段商品交换的特点，就是出现了表现一切商品价值的一般等价物。一切商品都首先同作为一般等价物的商品发生价值关系，然后借助于一般等价物这个中介，完成交换过程。一般等价物出现以后，一切商品的价值都通过它来表现。千千万万种商品的价值，有了统一的表现形式，因此称作一般价值形式。这一形式的出现，是同人类历史发展过程的这样一个阶段联系着的：随着手工业同农业的分离，出现了以交换为目的的商品生产，而商品生产要以商品交换的顺畅进行为条件。商品生产者如果不能顺利地把他的产品交换成生产上必需的各种生产资料和生活上必需的各种消费品，就无法进行再生产。直接的物体交换有很大的局限性。交换双方必须恰巧互相需要对方的产品，交换才能进行，而这样的情况是不容易碰到的。一般等价物便是适应商品交换发展的需要，为了克服物物交换的困难而产生的。它的出现，经历了一个漫长的历史过程，也标志着商品交换的巨大发展，把人类文明推到了一个新的高度。

第四种是货币的价值形式。一般等价物锚定在某种商品上，其形式最初是不确定的，往往带有地域性和时间性。历史上，贝壳、兽皮、动物、农具等都曾充当过一般等价物，这些都是货币的起源。一般等价物的地域性和不稳定性，限制了商品交换的发展。商品生产和商品交换的发展，必然要突破一般价值形式的这种局限性。在一个很长的历史过程中，随着商品数量的增加和商品交换的发展，一般等价物逐渐固定在金、银等贵金属上。这种稳定地充当一般等价物的金（银），便是货币。自从出现了货币，一切商品首先同货币进行交换，用货币表现自己的价值，从而出现了价值的货币形式。它是价值形式发展的更高阶段，人类文明也因此达到了更高的高度。

最后，数字贸易是如何升级为价值贸易的呢？

贸易是转移价值的过程，这里重点介绍数字贸易。数字贸易通过区块链建立可信的信用体系，设计一定的激励机制，将平台中参与交易的企业尽可能地连接在一起，通过建立共识机制形成联盟，不断扩充，让更多的企业、消费者都加入到平台中，通过数据服务来保证信任与合作的安全，建立可信、自由、平等的新体系，助力贸易进入价值贸易时代。

优化供应链效率一直都是各类电商平台的目标，这种追求正在催生贸易价值互联网，在这个网络上有高度信任、快速响应的交易。其重要手段是，加快数字化基础设施的建设，包括数字物流、数字金融、数字监管等。此前平台更加关注的是交易效率，即企业交易中信息流、物流、资金流活动效率的提升。而随着时代的进步和技术的发展，电商平台，特别是B2B还将发挥更多效能。

近些年，区块链、互联网、大数据、人工智能、数字孪生和实体经济深度融合并迅速发展，将构筑新一代数字贸易基础设施（Digital Trading Infrastructure，DTI），在消费、创新、低碳、共享经济、供应链、社会服务等领域激发新增长点，形成经济与社会发展动力，进而把产业经济推向一个新的数字时代，大幅提升社会资源配置效率与产业效率，降低资源消耗。例如，在产业经济网络化、智能化的道路上，在企业供应链条中承担重要作用的B2B和人们生活中的O2O等数字贸易基础设施，都是构筑数字化经济体系的组成部分。数字技术正在高速发展，区块链、物联网、大数据、云计算、人工智能、数字孪生等新技术正在快速融合，B2B平台等将进入全新的历史阶段。

21世纪的数字经济时代，需要构建面向全球跨境贸易全业务流程、全业务闭环的跨国家、跨机构、跨企业的新一代数字贸易基础设施，它是实体经济数字化的基础设施，是实体经济与数字经济连接的纽带。

数字贸易基础设施以区块链为核心，创造出数字经济时代下的跨境贸易完整的生产力和生产关系体系。数字贸易基础设施的建设充分利用了区块链。有别于跨机构之间的大数据互联互通，数字贸易基础设施建设过程将围绕解决外贸业务过程中跨机构之间的信任机制问题、数据孤岛问题，以及贸易、金融、物流、监管四方贸易效率不高、融资难、融资贵的问题展开，完善风控体系，实现资金安全、通关便利、过程监管高水平发展，在安全加密的技术体系下实现业务过程数据的互信互享。艾哲森指出，尽管今天可以进行某些形式的交互，但未出现实现互操作性的最佳实践。在当今的互联网世界中，尽管存在各种交互方式，但各平台之间仍然无法实现无缝集成。数字贸易基础设施将使跨境贸易具有更强的互操作性。

数字贸易基础设施是支持跨境贸易网络的数字基础设施，它不是特定的技术或产品，而是面向跨境贸易所规划出来的技术解决方案的组合。狭义来讲，区块链是一种按照时间顺序将区块以链条的方式组合成特定数据结构，并以密码学方式保证的不可篡改和不可伪造的去中心化共享总账。广义来讲，区块链是利用加密链式区块结构来验证与存储数据，利用分布式节点共识算法来生成和更新数据，利用自动化脚本代码（智能合约）来编程和操作数据的一种全新的去中心化基础架构与分布式计算方式。①

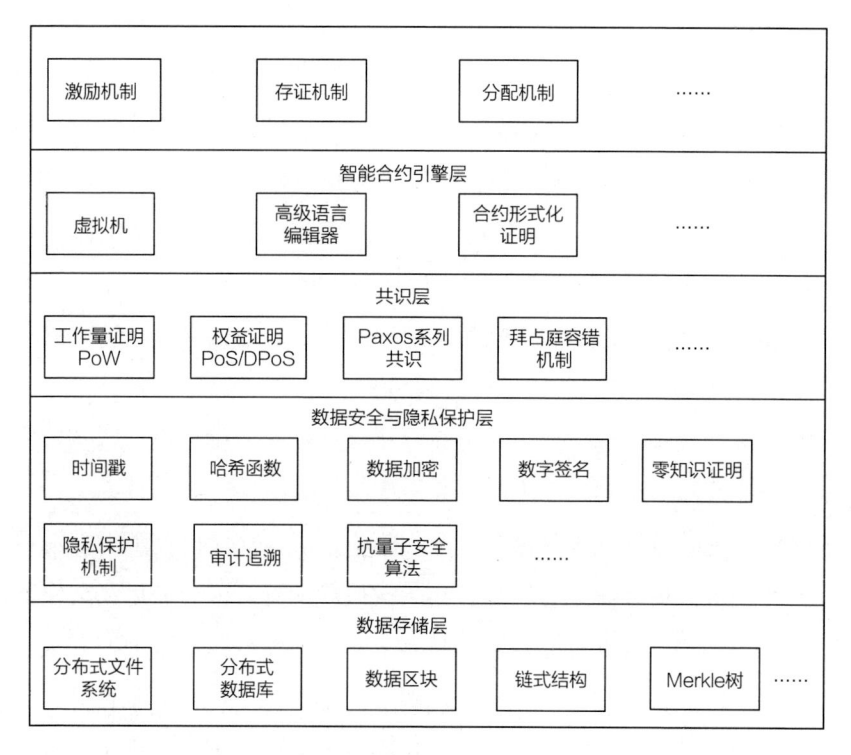

激励机制	存证机制	分配机制	……

智能合约引擎层

虚拟机	高级语言编辑器	合约形式化证明	……

共识层

工作量证明 PoW	权益证明 PoS/DPoS	Paxos系列共识	拜占庭容错机制	……

数据安全与隐私保护层

时间戳	哈希函数	数据加密	数字签名	零知识证明
隐私保护机制	审计追溯	抗量子安全算法	……	

数据存储层

分布式文件系统	分布式数据库	数据区块	链式结构	Merkle树	……

区块链的基本架构

区块链一般包括如下几个核心技术。

分布式账本技术。交易记账由分布在不同地方的多个节点共同完成，而且每一个节点均可记录完整的账目。区块链的每个节点都按照块链式结构存储完整的数据，每个节点的存储都是独立的，依靠共识机制保证存储的一致性。

非对称加密算法。价值信息转移过程的信任机制，主要通过非对称加密算法实现，即通过私钥来验证你的拥有权，通过公钥验证你对发送的价值信息数据是否授权确认。存储在区块链上的交易信息是公开的，但是账户身份信息高度加密，保证了数据安全和个人隐私。

共识机制。区块链上发生的每一笔交易都需要完成共识才可被确认。共识

---

① 袁勇、王飞跃的文章《区块链技术发展现状与展望》，2016年，《自动化学报》。

保证交易在分布式的多节点达成一致的执行结果。这既是认定的手段,也是防止篡改的主要手段。公有链和联盟链由于准入机制的差异,一般会采用不同的共识算法。

智能合约。智能合约基于可信的、不可篡改的既定代码,可自动执行预先设定好的规则条款,从而实现多样性的业务逻辑。智能合约一旦确定,相关资金就会按照合约执行,任何一方不能控制或挪用资金,以确保交易安全。记录在区块链上的智能合约具备不可篡改和无需审核的特性。

界定与区块链兴起相关的阶段和转变对于理解其发展动态非常重要。研发是区块链企业的主要活动之一,区块链发展建构在数学、密码学等科学理论的基础之上,科学理论的拓展又进一步支撑了相关技术集群的扩散。因此,区块链具有以科学和技术为基础的产业特征。基于Phaal(2001)关于技术密集型产业发展轨迹的通用模型,我们结合区块链产业发展现状,提出区块链发展阶段示意图。

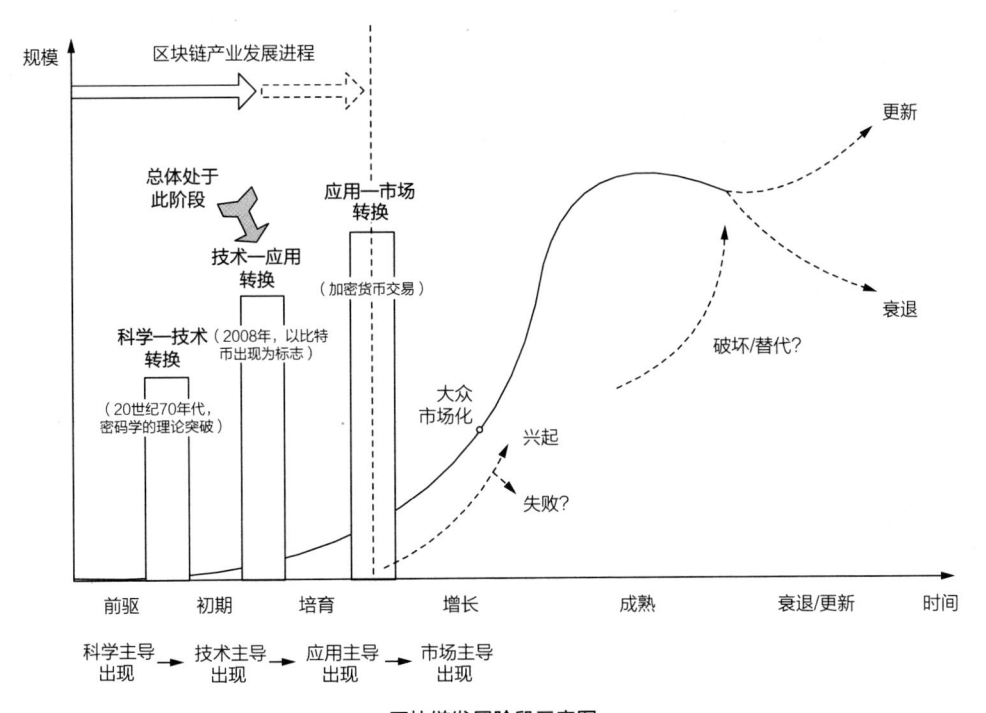

区块链发展阶段示意图

注:□表示重大事件里程碑,界定了从科学—技术、技术—应用到应用—市场的发展转变。

迄今为止，区块链发展经历了如下几个关键阶段。

前驱阶段（科学主导）。通过科学研究，探索该领域显现的基本问题。区块链的发展建构在多种科学知识基础之上，与数学、密码学和计算机科学等密切相关。实现区块链科学—技术转换的里程碑事件是20世纪70年代密码学领域的理论突破。1976年，Whitfield Diffie与Martin Hellman在论文《密码学的新方向》中提出了一种密钥交换算法，解释了非对称加密及公钥加密的可行性，奠定了区块链的密码学基础。

初期阶段（技术主导）。不断提高区块链的可靠性和可操作性，实现基本应用。随着密码学等理论的不断发展，1982年，David Chaum提出了用于电子支付的加密货币——电子现金，这成为比特币设计思想的雏形。8年后，他又提出了密码学匿名现金系统。1982年，Leslie Lamport等人研究了拜占庭将军问题，即如何解决公开网络的信任。1997年，Adam Back发明了哈希现金算法机制，即用时间戳确保数位文件安全的协议，保证数据可追溯且不可篡改。哈希现金算法机制已经包含了区块链的大部分技术特性。

2008年，比特币的出现可视为技术—应用转换的里程碑事件。全球金融危机爆发后，美国政府采取了史无前例的财政刺激方案和扩张性货币政策，并对银行业提供紧急援助，这些措施引起了广泛质疑。人们讽刺当时的政治和经济环境，称之为"受益的私有化和亏损的社会化"。在这种背景下，2008年10月，中本聪发表了题为《比特币：一种点对点的电子现金系统》（*Bitcoin: A Peer-to-Peer Electronic Cash System*）的文章，提出构建一种无需第三方介入的支付体系。2009年1月，中本聪在SourceForge.net上公布了比特币软件的第一个版本，该软件是开源的，且可以免费使用、复制和修改。随着比特币的推出，其背后的区块链技术开始被人们关注，关于比特币投资、炒作而引发的监管问题也被公众持续关注。

培育阶段（应用主导，目前只有加密货币应用领域大致处于此阶段）。提高区块链的应用能力，促进商业可持续。美国咨询公司高德纳（Gartner）发布的《2019年区块链技术成熟度曲线》，按照行业/部门提出区块链商业成熟程度，认为除了加密货币领域，区块链技术大部分应用领域的商业成就需要5

至10年，甚至更久。2021年，Gartner发布的《2021年新兴技术成熟度曲线》提出，区块链的创新正在稳步推进，其主要驱动因素包括：支付网络、银行和社交网络采用分布式账本技术（DLT）进行资金流动管理；去中心化金融提供比传统金融更大的财务回报；资产的通证化，包括NFT和DeFi的爆发性发展，以及未来与实物资产挂钩的通证的承诺等。当前，从各国实践来看，区块链的发展方向及其在全球范围内的影响仍具有未知性，区块链产业总体处于技术—应用转换期（加密货币领域的应用除外），与各行各业的融合正在加速。

全球区块链市场规模在2021年为59.2万亿美元，预计从2022年到2030年将以85.9%的复合年增长率（CAGR）增长。从全球范围来看，区块链已在金融、供应链、社会公共服务、选举、司法存证、医疗健康、农业、能源等多个领域得到应用。

DTI可充分利用区块链构建信任体系，解决电子商务尤其是跨境电商中的信任难题。例如，区块链的分布式特征可以使得利益互斥的各方共同存证，交叉验证贸易过程中的数据信息，从而倒逼各方做出诚信行为，形成完整链式结构的证据链；非对称加密技术与哈希算法将有效地保证利益互斥各方的商业隐私；点对点技术将有效促进点对点沟通效率的提升。

大数据与人工智能是数字贸易基础设施的关键技术，应用范围也很广。事实上，相较于个人信息收集与大量的无效信息，电商平台收集的行业信息能够挖掘出较大的价值，最直接的应用就是企业信用体系的建立。而企业信用体系的建立需要依靠多个数据来源与不同评价维度的数据，多源异构大数据的处理与分析将是产业经济大数据应用的难点，也是未来的突破点。这些技术的进步为电商平台的未来发展打下了坚实基础。

DTI的另一项重要技术是人工智能。人工智能提出虽然已经有数十年的时间了，但真正蓬勃发展是在2010年之后。大数据、云计算、互联网、物联网等信息技术的发展，推动了以神经网络为代表的人工智能的应用。人工智能是研究开发能够模拟、延伸和扩展人类智能的理论、方法、技术及应用系统的一门技术科学，研究目的是使智能机器会听（语音识别、机器翻译等）、会看（图像识别、文字识别等）、会说（语音合成、人机对话等）、会思考（人机对弈、定理证明等）、会学习（机器学习、知识表示等）、会行动（机器人、自动驾驶汽车等）。机器学习是人工智能的核心子集，基于实例、经验教会计算机具体操作。机器学习算法主要包括监督学习和无监督学习两个类别，其中 BP 神经网络、支持向量机、逻辑斯谛回归、朴素贝叶斯等算法均属于监督学习方法，适合在已知输出数据结果的情形下采用，解决分类和回归问题；K 均值、主成分分析等算法则属于无监督学习方法，并不需要数据标记过程，解决聚类和降维问题。20 世纪 40 年代伊始，人类就开始了对人工智能的研究。当时马文·明斯基等科学家制造出了第一个神经网络模拟器。1956 年夏，约翰·麦卡锡与明斯基等科学家在美国达特茅斯学院开会研讨如何用机器模拟人的智能，首次提出人工智能这一概念，标志着人工智能学科的诞生。20 世纪 80 年代初，专家系统和 BP 神经网络等重要研究成果纷纷出现。进入 21 世纪，随着深度学习算法与大数据的融合，人工智能的又一个发展高峰来临。

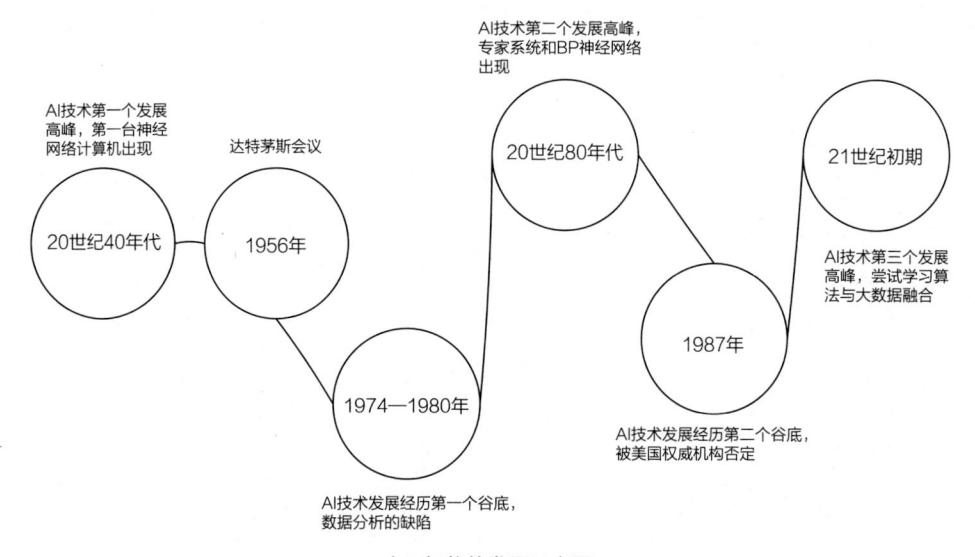

人工智能的发展示意图

根据统计，截至 2020 年底，全球共有 52 个国家明确发布了国家人工智能发展战略或计划，其中 2020 年有 21 个国家新发布战略，目前至少有 9 个国家正在研究制定各自的人工智能战略。美国、德国、英国、日本、俄罗斯、韩国等国已经逐渐形成了各具特色的发展模式。例如，美国侧重基础前沿技术的引领；德国人工智能发展战略重点为工业领域；日本以未来智能社会愿景为牵引、以机器人技术为重要抓手，推动人工智能发展；韩国则侧重于半导体和人工智能协同发展。中国科学技术发展战略研究院从基础支撑、科研产出、领先实力、政策环境、产业发展、人才就绪、开源开放七个维度构建"智能化就绪指数"评价指标体系，以客观数据为基础开展国家智能化发展潜力的分析评价，选取十个在人工智能领域表现相对突出的国家进行比较，结果显示美国的智能化指数排名全球第一，如下表所示。

智能化指数

国家	得分	排名
美国	81.93	1
中国	57.3	2
英国	35.05	3
德国	28.39	4
日本	27.38	5
加拿大	24.62	6
法国	24.04	7
韩国	23.52	8
以色列	14.06	9
俄罗斯	9.73	10

（数据来源：中国科学技术发展战略研究院、科技部新一代人工智能发展研究中心）

2021年，全球人工智能行业融资金额同比增长108%，其中医疗保健领域表现尤为突出（占总数的18%）。在过去的几十年里，随着深度学习和神经网络等学习算法的发展，人工智能取得了长足的进步，相应的应用使得人工智能在一个越来越依赖大数据分析的世界中变得愈加重要。例如，在疫情之下，世界主要国家及国际组织积极寻求应对疫情的技术支持，人工智能发挥了重要作用，例如经济合作与发展组织依靠人工智能，实时更新疫情相关内容，并根据时间、空间做分析梳理。就中国情况来看，人工智能加速与实体经济融合，通过赋能传统产业推动转型与升级，促进经济高质量发展，在物流、制造、农业、教育、金融等重点领域都实现了场景突破。DTI将利用人工智能的智能决策功能进行跨境贸易的情景监测、研判和分析。

除了区块链和人工智能，云计算、大数据、物联网也是 DTI 不可或缺的技术支持。云计算是一种分布式计算方式，将计算量通过网络分解成无数个小程序，并通过多部服务器组成的系统处理和分析这些小程序，进而将运算结果反馈用户。通常，利用云计算进行数据服务的类型可以分为三类：基础设施即服务（IaaS）、平台即服务（PaaS）和软件即服务（SaaS）。基础设施即服务，是向云计算提供商的个人或组织提供虚拟机、存储、网络和操作系统等资源；平台即服务，是为开发人员提供通过全球互联网构建应用程序和服务的平台；软件即服务，是通过互联网提供按需软件付费应用程序，云计算提供商托管和管理软件应用程序，并允许其他用户连接到应用程序，以便通过全球互联网访问程序。DTI 面向全球消费者，数据运算量庞大，利用云计算可以降低使用成本，其中 PaaS 和 SaaS 是 DTI 涉及的重点技术应用。

大数据是对所有数据进行分析处理而非抽样调查的一种方法。大数据可以将实时数据流分析和历史相关数据相结合，建构并分析模型，进而辅助预测，并预防未来运行可能出现的问题。利用大数据可以了解模型和数据变化趋势，加强对用户的了解，也可以用来追踪和记录网络行为，对行为进行识别。DTI 利用大数据手段，可以对用户的行为进行区分，对恶意仲裁申请（讹诈）、不良商业行为、仲裁的公正性等进行监督和辨识，及时发现跨境贸易中可能发生的问题。

物联网是通过信息传感器、射频识别、全球定位、激光扫描等技术，采集信息的一种技术总称。物联网所采集到的数据可以应用于区块链平台，并产生有效的数据价值，如溯源、取证、仲裁、理赔等。物联网是数字时代生产制造、日常生活、社会治理等领域不可或缺的技术，工业物联网将仓储、物流及生产等整个工业过程互联网化，在运输、生产设备之间进行高可靠性、低时延的互联互通，将工业与互联网在设计、研发、制造、营销、服务等各个阶段进行充分融合，并对工业大数据进行采集和处理，最终实现智能制造。物联网在自动驾驶、智能家居、社会治理中的作用也越来越大。物联网的核心是数据可信、可靠，也就是数据要有价值。DTI 所建立的区块链向物联网数据提供接口，支持蓝牙数据标签、新型二维码、超微标签、数字标签等；支持并鼓励物联网数据上链，并为提供物联网数据的企业给出具有价值的应用场景和方案。此外，VR、AR、IPv6等技术为数字贸易基础设施搭建集成化信息平台提供技术支持。

因此，DTI是基于区块链可信生态关系，由业务生态、数字产品、数字服务、数字运营综合支撑的全球数字贸易基础设施体系的应用，这将给世界贸易带来巨大的价值。这些价值是可以具象化的，并不是纸上谈兵。

赋能传统实体经济。通过业务场景数字化、数字场景生态化、数字生态智慧化，以及企业信用数字化、数字信用资产化、数字资产流通化，为跨境贸易用户提供增信和赋能服务，例如，提升生态伙伴间信任度、提升企业银行信用等级、提高合作伙伴之间协作精度，为企业用户提供智能合规渠道，使得企业用户在金融贷款、物流周转和通关业务环节得到便捷的服务。

创造数字经济新生产关系。在实现数字价值流动与迭代的过程中，数字经济的新生产关系诞生。企业用户将形成全新的信任行为与习惯，比如去中心化存证、交叉验证等。数字贸易基础设施建设过程中也将形成生态共有的记录服务、追踪服务、数字信用服务、数字资产服务和数字资产流通服务等众多全新的通证化服务。这是未来数字经济时代不可或缺的部分。

既然是全球大局下的全盘顶层设计，首要也是最关键的一部分是全球跨区域的信息共享和互联互通。在当前的国际局势下，谈信息共享可能过早。虽然很多国家都意识到了数据的重要性，在未厘清数据将对世界产生什么样的影响之前，以及人类文明未达到最理想状态之前，大部分国家都不愿意将数据共享，反而数据保护是当下更为重要的话题。在拥有数据权的前提下，数据的互联互通可以推进跨境贸易超级总账链的有效运行。用区块链去中心化的共识机制，促进跨机构、跨行业、跨区域的信息形成可信共识，建立起利益流转的共识机制，能够形成全球跨境贸易伙伴网络。现阶段面临的艰巨任务是，如何解决全球数字基础设施发展不平衡的问题。只有实现跨境贸易超级总账链底层设施的全面覆盖，才能实现真正意义上的全球化贸易伙伴网络。

边境是一个国家的重要防线。为提高国家竞争力，促进合法的跨境贸易对各国政府而言至关重要。跨境贸易是跨越国家边境的贸易活动，提高跨境贸易效率可为政府和公民带来可观的回报。国际贸易很复杂，效率通常也比较低下，不仅仅是因为地理边境的存在，更多在于法律边境、制度边境、文化边境等意识形态所造就的边境的存在。这些大多是人为因素导致的。尽管数字化发展迅速，但大多数跨境贸易流程仍然主要以"纸"为基础，并且涉及众多利益相关方。大多数贸易都会涉及中间商，研究表明，90%的报关涉及经纪人，75%的交易商使用第三方物流供应商。

政府在减少跨境贸易摩擦方面需要发挥关键作用，但政府间的举措也会遇到复杂的问题。双边和多边协定的谈判需要花费很长时间。例如，欧盟和加拿大签署全面经济贸易协定花了近10年时间，中国加入世界贸易组织花了15年时间。在边境上有利益相关的各种政府代理机构，使得问题的复杂性加剧。今天，通过边境清关的单件货物平均可能涉及15家代理机构，有时甚至多达40家！

这种复杂性的核心是买家、卖家、供应商、代理商和政府之间缺乏信任。这就是区块链作为国际贸易"游戏规则的改变者"出现的缘由。区块链的三个关键特征——分布性（共享数据集）、共识性和安全性共同搭建了信任之桥。总之，如果利益相关者可以共同使用区块链来克服根本性的信任缺失，那么贸易环境将变得更高效、安全，也更适应未来。对于贸易商、政府和公民来说这无疑是一个好消息，因为，它将推动收入提高、效率提升、合规成本降低并促进贸易发展。

几年前，区块链仅仅是一个流行词。但今天，它已是大多数先进国家海关和贸易组织的重要议程。现在大家关注的问题已不再是是否需要区块链，而是如何应用区块链。不过在热议的同时，也有不少茫然。现在各方倾向于以区块链作为解决方案，然后寻找相应的问题。现实情况是，把上面的顺序倒过来会更加有效。基于海关和贸易商之间在增强信任、降低复杂性、确保经济增长上所遭遇的挑战，建立一个包含影响贸易活动四大要素（身份证明、资产转让、路径查找和边境合作）的平台，为展示和评估区块链的价值提供新方向。

从本质上讲，这是一个以正确的方式，使用正确的技术来解决固有问题的模式，并为未来提供选择性的解决方案。我们不应指望用区块链解决信息技术当中的所有问题。

电子商务时代使得人们可以从未曾谋面的人那里购买东西。但是，你是怎么相信交易另一端的人是他们口中所说的人呢？一旦购买，货物可能无法运达，或者可能不符合规定，也可能在质量方面存在缺陷。卖方看起来合法，但没有办法确认此事，由此可见信任是基于信念的而不是基于确凿的证据的。基于区块链的数字身份可以消除大型贸易公司和个人消费者的这种疑虑。

这样的数字身份对交易商、货物、集装箱甚至文件都是有益的，因为它们的身份需要在供应链的各个环节得到证明。通过使用区块链，贸易供应链中的相关实体将具有安全且可验证的身份，其中一部分可以根据传统原则在需要时进行共享，最终保证真实性。

通过区块链，交易商、货物、集装箱甚至文件在供应链的各个环节都能够做到相互证明、交叉验证，由此确立信任关系和信任机制；还可以弥合贸易国之间经常出现的信任差距，并有助于多边贸易协定的改革。区块链的一个优势是，交易相关文档不需要参与货物实际往来或在各方之间交换，一条完整的链条数据即可全过程清晰展示，减少了纸质流程和贸易欺诈，并最终有助于减少跨境贸易摩擦。

区块链也可以在证明货物来源的方面发挥重要作用。例如，确定进口钻石的来源，确保其符合标准。追踪货物的来源对于及时应对全球疾病和污染等问题也起到至关重要的作用。在 2017 年，确定导致美国沙门氏菌暴发的污染木瓜的原产地用时多达两个多月。

跨境贸易本质上与简单的交易相同，如购买面包，其中涉及卖方移交面包，买方交换货币所有权及过程中产生的风险。但距离、时间和信任问题使得国际贸易变得更加复杂。货物在现实中交换，在多个利益相关者之间也存在责任的转移。在理想的情况下，卖方在货物到达目的地后应立即收到货款。但实际上，这个过程往往需要一些时间，买卖双方的信任在其中起着重要的作用。解决此问题的关键是识别触发器，即可以提示后续操作的关键事项。例如，货物到达目的地时应该触发付款功能。区块链以这种业务逻辑构建成智能合约，自动合法地触发正确的操作。例如，欧盟航空公司在延误超过一定时间后，必须支付强制性罚款。将此逻辑构建到区块链中可以自动触发支付罚款，而不再需要乘客进行费时费力的索赔。

使用区块链来管理资产转移也有助于打击跨境贸易融资欺诈行为。贸易融资，即为协助各国之间的货物流动而开发的金融工具，尤其需要承担货物损坏、丢失、被盗相关的风险。世界贸易组织估计，全球 80% ~ 90% 的贸易依赖于此。但不幸的是，贸易融资欺诈的风险非常大。篡改文件仍然是最常见的欺诈手段，要么使欺诈性交易合法化，要么利用虚假信息筹集资金。例如，原油贸易在全球已构成贸易融资的金融工具欺诈生态。区块链可以减少或消除贸易融资欺诈，大多数商业银行正在探索使用区块链进行支付的方式，新加坡正在制定跨境贸易区块链解决方案，以促进贸易和打击贸易融资欺诈。一旦区块链解决方案启动并运行，便可以轻松扩展到更多的贸易领域。

路径查找使"跟踪和追踪"到达一个全新的高度。货物从始发地到目的地的过程中经常被转手，这个过程需要交换大量的文件并处理大量数据，如原油贸易中的"换单"。基于区块链的路径查找账簿可以在整个货物运输中充当货物信息管道，构建货物、包裹、人为行动等组成的每个供应链流程的完整记录。它将确保人们在每个时间点都能准确了解货物状况，使"跟踪和追踪"到达一个全新的高度。

区块链还可以改善集装箱运输管理。保证集装箱内货物的准确记录对于解决盗窃问题至关重要。根据美国联邦调查局数据，货物失窃估计每年给卡车公司和零售商造成的损失高达 150 亿到 300 亿美元。实际上，这些损失会转嫁给为商品支付更高费用的消费者。解决盗窃问题是联合包裹服务公司（UPS）作为区块链运输联盟成员投资区块链的一个重要原因，其中"运输联盟"指的是发展区块链技术标准和货运部门教育的联盟。通过将区块链与物联网结合，可以完整地记录和维护相关数据，如温度、位置，以及判断集装箱是否已打开（甚至持续多长时间等）。对于食品，跟踪温度、湿度等条件至关重要，运输公司需要知道何时及为何打开集装箱，以妥善保存易腐货物，并确保卡车司机不会运输非法货物及人员。

供应链中的数据提交过程也可以变得更合理。例如，今天货物运输需要频繁的数据交换，过程复杂且低效。通过使用区块链，商业系统中的工作流和数据可以在相关者之间有效地共享。例如，提单承运人（或其代理人）签发提单以确认收到货物，从而开始装运。今天，该文件通常由承运人提交，承运人手动整理供应链中其他人的数据，不但非常耗时，还会导致数据质量不佳，一旦出错，还要面临追责的麻烦。另一个例子是在货物到达之前提供的安全声明。这些文件靠什么获得信任呢？在现有的经济秩序中，盖章或签字是核心的信任表现方式。然而很明显，这盖章或签字通常受困于各类规章制度所设的流程，从而降低了效率。欧盟新的海关法规《联邦海关法》（UCC）已经允许各利益相关方在运输途中不同的时点提供数据子集（多次提交"入境摘要报关单"数据），区块链可以有效提高此类数据的处理效率。

海关可以通过访问科技链、产业链、价值链、供应链和金融链"五链"，准确查看每个集装箱中的物品及了解集装箱在运输过程中是否添加或移除了物品。这有助于及时识别欺诈和安全威胁，并进行风险评估。这种措施允许值得信赖的商人的合规货物顺利通过边境，使边境机构将其注意力集中在包裹上。合法交易者通常非常愿意共享数据，因为这样可以减少货物跨境时的跟踪损耗。对于值得信赖的贸易商，《联邦海关法》允许海关"进入报关人的记录"（EIDR），这意味着海关可以直接在报关人的信息系统中处理报关数据。路径查找将给政府提供有效的技术解决方案，更重要的是，政府无需建立自己的解决方案。

几十年来，"单一窗口"在边境机构的议程中占据了重要位置。"单一窗口"的主要缺点是参与者不愿意互相分享数据，以及不同机构无法就治理模式达成一致等。在这里，区块链可以发挥积极作用。例如，农业许可证通常由农业农村部授予，并由卫生管理机构或兽医在入境点加以核查，相应的进口报关单由海关进行审核，将此信息存储在区块链中可提供一个整体的使用说明，从而实现准确注销并避免重复使用。为了促进跨境贸易和打击欺诈，各国需要通过双边或多边协议、区域贸易集团、世界海关组织、世界贸易组织进行合作。今天的数据共享通常费时费力。出于政治敏锐性要求，为实施合作协议，各国海关在实践中往往都需要自己整理数据并进行交换。例如，用于展览的绘画作品，它们在多边协议规定的免税基础上进入一国国境，使用区块链跟踪它们的移动情况并共享信息，将减少纸质程序及对昂贵数据的交换需求。

也就是说，数字贸易基础设施的上链数据不仅使金融机构获得了真正的可信数据，大幅提升了风控能力，贸易商获得了低门槛、低成本的金融产品，海关、税务、外汇等监管各方在数字基础设施搭建的超级总账链上也同样可以看到贸易、金融、物流的全过程数据。由此，监管方打破传统监管模式，从"过去完成时"的结果数据监管，变为监管方"参与过程"与"过程监管"，监管视角扩大到整个贸易过程，监管广视角、监管无死角，大家共同存证、验证，形成真正的"大监管"。过程数据的可信价值远远大于结果数据的可信价值，根据过程数据的可信特征，监管方可为贸易商提供各项贸易便利化服务，合规成本有望大大降低，监管干扰点有望大幅减少，未来"无申报"的一站式通关将成为可能，精准监管政策改革有望实现。

对于今天复杂的跨境贸易生态系统中的每个人来说，区块链确实可以解决贸易信任这个重大问题，从而绘制新的贸易路线，这个新的贸易路线以数字技术为基础，以数据流通和数据价值兑现为核心。

2. 价值供应链金融

区块链的价值转移逻辑，结合通证技术，推动数字金融向金融本质功能回归。这就是数字金融和互联网金融的本质区别。在数字金融体系中，未来的货币、证券等价值体现方式，都离不开数据，离不开通证。数字金融具备价值转移、为实体经济服务和防范风险三大功能，传统金融回归价值金融的本质。

中国是全球排名前十的制造业大国，伴随着工业互联网等国家战略规划的出台，中国制造业正迈向国际化、精细化、产业化发展的道路，供应链作为优化产业、降低成本、提高效率、提升产业链竞争优势的重要手段起到了至关重要的作用。而这也对供应链的健康发展提出了更高的要求。众多中小企业在供应链中发挥着重要的作用。中小企业的发展已经成为关乎产业乃至国民经济发展的重要部分。

统计数据显示，2015 年中国供应链金融市场规模已达 11.97 万亿元，到了 2016 年中国供应链金融市场规模接近 13 万亿元。截至 2017 年底，中国供应链金融市场规模增长至 14.42 万亿元，2018 年增长至 18 万亿元，2019 年增长至 22 万亿元。[①]

数据显示，截至 2017 年底，中国中小企业数量约为 37.6 万户，占企业数量比例高达 98%。大型央企、国企这些供应链中占强势地位的公司不缺资金，经营状况良好，而中小企业因融资贵、融资难，其发展受到限制。同时作为供应链中的重要环节，中小企业的发展状况对供应链及产业具有重大影响。

从资金方面而言，供应链所带来的金融风险无法把控，缺乏有效的技术手段去控制风险，资金方只能通过企业的主体信用进行评估，这就导致了有大量资金需求的企业无法得到有效的资金支持。银保监会数据显示，截至 2017 年底，国内小微企业贷款余额为 30.74 万亿元，占银行贷款总额的 24.67%。

近年来，国家相关政策不断出台，促进供应链金融、普惠金融的发展。2017 年 10 月，国务院办公厅发布了《关于积极推进供应链创新与应用的指导意见》，立足振兴实体经济，提出了六项重点任务。这是国务院首次针对供应链创新发展出台指导性文件，立意高远，着眼于推动国家经济社会发展，将全面提升我国供应链发展水平，为供应链的发展指明了方向。2018 年 4 月，商务部、工业和信息化部、生态环境部、农业农村部、人民银行、国家市场监督管理总局、中国银行保险监督管理委员会和中国物流与采购联合会 8 部门联合下发《关于开展供应链创新与应用试点的通知》，此次试点包括城市试点和企业试点。城市试点有六大任务，分别是推动完善重点产业供应链体系、规范发展供应链金融服务实体经济、融入全球供应链打造"走出去"战略升级版、发展全过程全环节的绿色供应链体系、构建优质高效的供应链质量促进体系、探索供应链政府公共服务和治理新模式。企业试点有五大任务，分别是提高供应链管理和协同水平、加强供应链技术和模式创新、建设和完善各类供应链平台、规范开展供应链金融业务、积极倡导供应链全程绿色化。2019 年 2 月，

---

① 前瞻产业研究院，《2015—2020 年中国供应链金融市场前瞻与投资战略规划分析报告》。

中共中央办公厅、国务院办公厅印发了《关于加强金融服务民营企业的若干意见》，提出通过综合施策，实现各类所有制企业在融资方面得到平等待遇，确保对民营企业的金融服务得到切实改善，融资规模稳步扩大，融资效率明显提升，融资成本逐步下降并稳定在合理水平，民营企业特别是小微企业融资难、融资贵问题得到有效缓解，充分激发民营经济的活力和创造力。2019 年 4 月，中共中央办公厅、国务院办公厅印发了《关于促进中小企业健康发展的指导意见》，就当下中小企业面临的关键问题作出要求，包括为中小企业打造公平营商环境、促进融资便利、减轻中小企业税费负担、促进中小企业创新知识产权保护、完善公共服务体系、推进信用信息共享等方面。2019 年 7 月，银保监会向各大银行、保险公司下发《中国银保监会办公厅关于推动供应链金融服务实体经济的指导意见》，提出了四项基本原则的指导意见，强化利用科技手段来提升风险控制能力。2023 年 2 月，中共中央、国务院印发的《数字中国建设整体布局规划》明确指出，将实现金融行业全面数字化转型，让数字经济赋能金融服务，为实体经济发展提供更优质的金融服务和更广阔的金融创新空间。

我们知道，传统银行信贷服务，是通过对融资企业的主体信用或抵押物的评估为企业提供金融服务的。有别于传统银行信贷服务，供应链金融是金融机构围绕核心企业，管理上下游中小企业的资金流和物流，并把单个企业的不可控风险转变为供应链企业整体的可控风险，获取多维度、立体化的各类信息，将风险控制在最低的金融服务。但目前在供应链金融业务中，大多数金融机构由于无法获得供应链数据及缺乏技术手段以解决风控问题，因此在供应链金融业务中依然遵循传统信贷模式，通过对企业的主体信用评估来把控风险。金融服务只能延伸到核心企业、一级供应商及一些大企业，供应链金融无法发挥扶持中小企业、服务实体经济、服务于供应链的作用。

那么何不尝试依托区块链，结合物联网、云计算、大数据打造全产业链供应链金融风控体系呢？通过建立供应链金融生态联盟真正深入供应链企业，利用技术手段有效地把控风险，供应链上游通过区块链资产溯源、数据交叉验证把核心企业信用传导到供应链末端；供应链下游通过物联网＋区块链将金融服务嵌入物流体系中，通过物联网确保上链数据真实有效，利用区块链实现上链数据安全、不可篡改、可溯源，实现链上链下协同，全程可视化控货，全面管控风险。将传统金融主体信用的风险评估体系升级为主体信用叠加交易信用的风险评估体系，通过技术手段赋能产业，提升中小企业的信用评级，降低金融机构的风控难度。

随着赊销成为点对点贸易的主要交易方式，企业应收账款规模持续扩大。智研瞻产业研究院发布的《中国供应链金融市场前瞻与投资战略规划分析报告》估计，目前全国企业的应收账款规模在20万亿元以上。然而在金融机构传统的风控体系中，能够通过应收账款进行融资的企业主要集中在少部分主体信用良好的大型国企、上市公司及与这些企业有直接贸易往来的一些供应商中。这些企业经营状况良好，资金流充裕，融资需求不旺盛，导致大量的应收账款沉淀在市场中。传统的供应链服务模式效率低、风险大，越往上游延伸，收益越高，但风险也呈指数级上升，产业链条的融资服务不充分，未能覆盖海量长尾客群。中小企业得不到资金，经营困难，整个市场环境也会受到一定影响。

基于区块链打造的数字化权证业务，围绕核心企业，将供应链上游多级供应商的数据上链，实现交易链条全程可视化，通过供应商的应收账款追溯到核心企业的应付账款，通过锚定核心企业的信用，将核心企业应付账款线上化、数据化、透明化，使优质企业的信用转化为可流转、可拆分、可融资、可灵活配置的一种创新型金融产品。赋能产业链中小企业，在数字化权证期限内将其接收的数字化权证进行转让、融资、持有，为广大企业提供了全新的经济往来结算工具，既大大提高结算效率，也为中小企业提供了一个低成本融资的新通道。

由此可看到，数字化权证有着独特优势。数字化权证为企业找资金，为金融找资产，搭建起企业和资金之间的桥梁，让信任更简单，让融资更便捷；通过贯穿供应链全链条，打通供应链上游企业生产环节与下游销售环节，构建供应链金融的可信数字资产生态；实现供应链商流、物流、资金流、信息流四流合一，提升产业链透明度、可信度，提升风控能力；为供应链金融、融资租赁、动产质押、仓单质押、预付款融资等交易类金融产品提供可信的融资标的；重塑企业信用评级模式，让中小银行普惠金融插上技术护航的翅膀，大幅减少风险盲区，摆脱对主体信用的过度依赖，企业主体信用评级模式升级为主体信用叠加交易信用，实现普惠金融服务去核化；在增强企业资金流动性的同时，优化企业资产负债结构，帮助企业良性发展，助力产业链升级。

在政府层面，全场景供应链金融系统可以盘活地方经济，促进经济向高质量发展转型。改革开放以来，中国大体上处于经济高速发展阶段。随着近些年发展速度放缓，高速发展带来的问题逐渐浮出水面，如产业结构不合理、中小企业资金短缺与扩大生产的矛盾等，健康供应链金融体系的引入可以为地方经济注入活水，帮助企业解决在自身发展过程中出现的问题，促进产业链健康稳定发展，促进地方经济向高质量发展迈进。同时借助跨境东风，全场景供应链金融系统的应用对推动对外贸易、促进人民币国际化也具有关键意义。随着中国加入WTO，中国贸易逐渐走向国际化、全球化，对外贸易已经成为中国经济的重要组成部分。中国商品逐渐走向国际，商品进口成为常态，尤其是国内沿海城市的对外贸易对繁荣经济起到了重要作用。在越来越数字化的跨境贸易场景中，全场景的供应链金融系统也能更好地服务于内外贸易的产业链条，并且可以通过进口商品，借助金融手段，使用离岸人民币作为结算工具，助力人民币国际化。

在企业层面，科技赋能金融机构后，风险盲区大幅度减少，风险更加可控，坏账、暴雷风险大大降低，同时帮助金融机构的信贷业务转为投资业务，减少金融服务对资金的占用，为金融机构更好地开展普惠金融提供安全有效的技术保障，使其更好地服务实体经济。全场景数字化供应链通过提升交易信用帮助企业增信，从根源上解决中小企业主体信用不足导致的融资难、融资贵问题。

全场景供应链金融系统不是一蹴而就的。全场景供应链金融系统可先行选取省内大型企业作为试点企业，依托有供应链金融和跨境贸易落地实践的运营方，选择合适的资金方，建设基于区块链+物联网的供应链普惠金融平台，以这些试点企业的上下游产业链作为赋能目标，帮助试点企业供应链上的中小企业切实解决资金困难的问题，优化资产负债结构，借助科技与金融赋能产业链，打造出全国标杆型高质量发展的产业生态。

可信数据是价值供应链金融的核心。在跨境贸易场景中，金融的可信数据来源主要是物流+区块链。有了数字物流基础设施提供的可信数据，金融的流动性将大大提升，可以为交易提供更多低门槛、低成本的金融产品。

让中小企业获得平等的话语权和自主融资能力的一个行之有效的方法是，利用分布式账本与分布式文件系统，将底层资产的全量原生信息同步上链，利用公私钥技术实现权利人持有并转移资产，通过接入核心企业的信息服务商，持续有效地披露底层真实交易背景，从而形成数字资产。数字资产赋予传统资产高度自主流动性，极大地提高了供应链金融业务的效率和真实性，为投资人建立了一个动态、完整、真实、可信的信息披露机制，从根本上解决中小企业底层资产多层级流转的信息穿透问题。中小企业获得平等话语权，无需再依赖核心企业信用，可独立开展融资活动，同时金融机构可以不依赖核心企业，直接通过可信的金融数据总账获取融资所需的中小企业底层资产信息。

3. 数字货币

美国著名金融史学家威廉·戈兹曼认为，文字的诞生伴随着自由交换的行为。在古巴比伦王国，楔形文字和苏美尔语的创造，也伴随着这个古老王国的诞生、发展、繁荣。灌溉农业技术被发明后，游牧的原始部落开始寻找长期的驻足点。集中化居住使得生活在部落中的人们充分发挥自己的长处，自给自足的狩猎采集生活转变为市场交换。人们祭奠图腾的供奉祭品被重新分配到个人，在满足居民日常生活需求之外，为了记录行为，文字的发明就显得更有价值。

公元前 2500 年左右，中国的原始社会末期，蚩尤九黎族和黄帝、炎帝族在中冀之野，也就是今天的涿州发起了涿鹿之战。随后，黄帝打败了蚩尤，成为天下共主，划野为疆，实行了田亩制，教导子民按时耕种，而嫘祖则开始教导子民养蚕、种桑树、制衣物，大臣仓颉发明了文字。随后各部落不断兴起、衰落，直至禅让制的实施，君权禅让君主衡量的重心放在考察储君是否对当时的农耕社会作出了巨大的贡献。禹治水卓有成效之后，舜把君位让给了禹，禹又将帝位传给了自己的儿子，建立起了中国历史上第一个世袭制王朝。公元前1046年左右，周武王灭掉了商王朝后，周天子实施井田制。周天子把最好的田地留给自己，规定一切土地属于周天子，周天子对封地有予夺之权，受封的贵族只能使用土地，不能买卖，也不能所有，并且还要缴税纳贡。正所谓"普天之下，莫非王土，率土之滨，莫非王臣"[①]。但是，随着生产力的进步，贵族和奴隶主们对于公田占有的欲望逐步强烈起来，这一点在《诗经·大雅》中有考："人有土田，汝反有之；人有民人，汝复夺之"[②]。翻译过来的意思就是：人家有块好田地，你却侵夺据为己有；人家拥有强劳力，你却夺去占便宜。这无疑体现了当时诸侯对于周王要求收据田地占为己有的行为的不满。

一直到春秋战国时期，铁器的发明和使用使得牛耕代替了大部分劳动力，《国语·晋语》中有考，范氏、中行氏将宗庙的牺牲用于耕田劳作。我国的历史学家普遍认为，铁器的使用和牛耕的推广是当时生产力水平提高的显著标志。生产力的提高使得诸侯大夫们富了起来，占据私田的行为已经成了当时社会的普遍现象，臣民们不再愿意成为天子的附属，奴隶也不愿意被诸侯榨取多余的劳动力。这样一来，人力的生产积极性降低，使得"民不肯尽力于公田"。于是，一部分贵族就采取了各种方式招揽逃避"加班"的奴隶，送给他们生产资料的占有权和经营权。我们所熟知的商鞅在秦国推行的变法条例中，就有"民得买卖、开阡陌"的内容。土地在政策上向民倾斜，使得民心归顺，也产生了封建的依附关系。

因此，我们不难看出，不论是东方文明还是西方文明，农耕技术的发展使得食物生产丰饶，人类在进化的过程中为了记录事件发明了文字和语言。潜移默化之中，技术的变革与发展产生了文明。此外，获得分配主权和更多话语权的部落首领也在物资分派的过程中平衡着阶级分化和公共权利，并探索着在更大的范围内形成有利于扩大再生产的社会秩序的方式。就这样，农业灌溉技术使原始部落的生活方式产生变迁，农耕文明时代到来的同时，带有交易属性的

---

① 《诗经·小雅·北山之什·北山》。
② 《诗经·大雅·荡之什·瞻卬》。

物品也在潜移默化之中变成了货币。换句话说，物品在潜移默化中被赋予了不同的价值，而那些被称为货币的、带有神圣使命的物品，在暗中为万物赋予了价格。价格通过货币体现，价格是价值的体现。

货币的诞生解决了人们在交易过程中的各种问题，货币是人类最强有力的价值共识的产物。货币作为交易媒介，简化了交易过程，提高了交易效率。它使个体之间的联系变得更加紧密，扩大了社会交往的规模，深刻地改变了人类发展的组织形式。由于货币的诞生，人类从原始社会时强调物竞天择、弱肉强食的个体竞争变成了强调组织的生存。人们不再仅仅依赖特定的物品来满足自己的需求，而可以通过货币来获取所需的服务。

从历史来看，人类的经济发展方式和货币的形态有着紧密关系。人类经济的持续发展必定伴随着货币的扩张，而货币的扩张和货币形态的变化使得世界金融体系不断发生变革。

在现代社会中，各组织为了保证其生存的稳定性，基于其对货币的理解，制定了关于货币的不同运用手段，以更好地服务自身的发展及缓解组织内部发展所带来的矛盾。现代货币的特性与早期的贝壳等形式的货币的特性有所不同，货币促进组织发展的同时，也带来了新的问题。一方面，货币的价值和流通受到时长波动和金融风险的影响，组织需要应对货币贬值、通货膨胀、利率波动等风险。另一方面，货币的使用可能导致组织内部的不平等和利益冲突，例如财富集中、腐败和道德风险等。因此，在货币的使用过程中，需要关注货币的社会影响和公平性，确保货币的使用符合道德和法律的要求。

我们以美元和黄金的关系为例。

1913年，美联储成立时，官方规定的黄金价格是20.67美元/盎司。仅仅20年，1933年美国开始禁止个人持有黄金，政府强行以20.67美元/盎司的官价收购个人持有的黄金，并在不到一年后宣布黄金官方价格调整为35美元/盎司。而在新冠疫情期间，黄金的价格一度突破2000美元/盎司。

伴随着经济的扩张，以总量稀缺的黄金等贵金属作为锚定物的法定货币，必然是不可持续的。同时，黄金、白银等贵金属本身也是商品，将它们作为货币的单一锚定物本身也存在问题。

一个不可否认的事实是，几千年来，人类社会的货币天然是金、银等贵金属，为什么在近代工业革命之后，它们逐渐失去了货币的稳定性呢？

我们认为，人类生产方式决定了货币形态。数千年来以农业为核心的自然经济，产出总量由核心生产要素土地所决定，而土地与金银一样，总量是有限的，自然经济的扩张速度缓慢，使得贵金属作为货币是总体稳定的。进入工业社会后，特别是进入第二次工业革命时期，全球经济扩张速度远远超过了之前任何一个历史时期，而全球经济增长带来了空前的贸易繁荣，这更加促进了全球产业进一步分工，经济实现进一步扩张。因此，到了20世纪70年代，以贵金属为本位的货币体系必然难以维系。

1971年，随着美元不再与黄金挂钩，法币时代正式来临。彼时的美元虽然脱离了贵金属本位，但美元与更重要的一种物质资源挂钩——能源，具体来讲就是石油。很重要的一点是，工业经济的扩张必然伴随着能源消耗的增加，因此货币与能源产品间接挂钩实际上在一定程度上满足了全球经济扩张的需求。

时间来到了21世纪，以工业经济为主导的时代进入发展后期。在数字经济时代，经济增长所需的资源逐渐从工业原材料和能源转变为数据资源，那么主要货币锚定物仍然定为石油等工业原料是否可持续？货币的形态要向何处发展呢？

1960年，美国经济学家罗伯特·特里芬写了一篇名为《黄金与美元危机——自由兑换的未来》的文章，提出了被学者称为"特里芬悖论"的观点：美元与黄金挂钩，但随着世界贸易规模的扩大，必须用越来越多的美元作为储备货币。这意味着美国必须保证其国际收支持续入不敷出，即通过"贸易逆差"不断"出口纸币"，换回货真价实的商品；要保证美元币值稳定，美国必须保持足够的购买力，不能长期"经常项目逆差"，长期用"纸币"向世界换取真实财富是不可持续的，其他国家必定要将手里的美元换成黄金，当美国的黄金储备减少，就不可能继续维持35美元=1盎司黄金的价值标准。[1]

---

[1] 罗伯特·特里芬，《黄金与美元危机——自由兑换的未来》，陈尚霖、雷达译，商务印书馆，1997年。

"特里芬悖论"虽然是针对20世纪60年代美国维持金本位制度提出的质疑，但在当今时代仍然不过时。

据测算，自1960年至2019年，美国累计经常项目逆差为12.04万亿美元，而与此同时，全球其他国家的外汇储备总额约为11.83万亿美元。也就是说，美国一个国家的逆差支撑了全球贸易的发展。但这也是一个悖论，在全球贸易体系中，美元充当结算货币的代价是美国的贸易逆差，这在一定程度上也促进了美国金融行业的独大，阻碍了实体产业特别是工业的发展。

而只要全球经济持续增长，美国的贸易逆差就很难减小，这就是所谓的特里芬悖论。而一个巨额逆差国，其本国支付能力根本上是由其生产力发展水平决定的，在经济持续脱实向虚的发展进程中，经济泡沫将不可避免。

如何摆脱这一悖论？如何在保证全球贸易持续增长，全球经济可持续发展的同时，避免类似的货币一家独大导致的悲剧呢？

在旧的货币体系难以维系的历史关口，国际社会的选择有哪些呢？是选择另一个超级强权的主权货币，形成"第二个美元体系"？是将全球分割成若干个大型自由贸易区，每个自由贸易区建立自己的类似于欧元的货币体系？还是建立一个完全独立于各个主权货币的、多元化的、共治的国际金融体系，为全世界提供离岸货币和离岸金融服务？新时代的全球贸易对货币金融体系变革提出了要求。

我们认为，第一种模式已被历史证明是不可持续的模式。第二种模式，在主权国家无法让渡经济和政治主权的情况下，也是很难实现的，最明显的例子就是欧元区国家大多只统一了货币，但由于财政制度无法统一，欧元区国家的经济发展不平衡、内部贸易不平衡问题终将以"主权债务"暴雷的形式出现，长期来看这也是不可持续的。在目前人类历史和社会发展条件下，似乎需要利用第三种模式，也就是提供用于国际贸易的离岸货币和离岸金融服务，才有可能解决目前存在的问题。

而数字货币的出现，为解决这一问题提供了可能。

新经济时代，货币的锚将如何确定？这实际上很简单，也很复杂。简单的是，货币的核心作用是经济发展的交易媒介，因此货币最理想的锚是一个国家的 GDP，或 GDP 对应的税收。当然要做到这一点，也是非常复杂的，需要货币当局对一国的 GDP 等经济活动数据有极强的把握能力。

在一个主权国家内部可以锚定其 GDP，而作为全球贸易中的结算货币，又将如何呢？将以什么作为锚定物呢？

全球外汇市场日均交易额超过 4 万亿美元，在这看似无序流动的 4 万亿美元当中，蕴含着国家经济活动和全球贸易活动的核心经济数据。会不会存在一种可行的方式，以全球贸易总量为锚定物，以全球外汇市场交易数量为参照系来制定新的国际贸易金融体系呢？

与锚定 GDP 类似，用区块链对货币流向进行一定程度的记录和监管，将使央行系统和金融机构准确记录货币的流向，在制定货币政策时，才能够做到精准施策和普惠于民。在国际贸易当中，通过基于区块链管理的数字贸易，可以精准记录和跟踪资金与货物的流向，从而对全球贸易的货币需求进行精准预估，实现对全球贸易当中货币需求的精准满足。

此外，数字货币通过实现对货币流向的区块链管理，可以在技术上实现货币政策对国内经济的影响和对汇率影响的有效平衡，从而保障各个国家相对独立的货币政策和财政政策。数字经济时代全球货币的锚是数字，而不是具有霸权性质的某一主权货币。

数字货币的出现是数字经济发展的历史必然。在物质生产（如粮食和工业消费品）的行业当中，农业增长率取决于生产力要素的增长，包括土地、农业投入品、科技投入等，但核心是土地，土地是最大的变量。因此在土地总量的限制下，农业生产的增长是缓慢的。在从事工业和相关服务的行业中，能源消耗与工业经济是正相关的。工业生产的增长远远快于农业生产的增长，并在一定程度上与能源和资源消耗正相关。

在虚拟物品的产业中，土地、能源等传统生产要素将退居次要地位，大数据及以大数据为基础的各类要素是新兴产业的核心要素。前文强调过，数据是不会被消耗的，数据只会不停地产生，数据的应用方式层出不穷，因此，数字经济条件下的生产逻辑将被颠覆。

在不同的经济形态下，有与其相适应的货币形态和金融生态，金本位之所以能够延续数千年，在农业自然经济条件下作为经济的基础货币形态，其根本原因在于土地的稀缺性和贵重金属的稀缺性是一致的。土地开发的速度和贵金属的生产速度在总体上保持一致。

在工业社会，能源作为核心驱动力，无论煤炭、石油还是电力，无论其存量和增量都与土地资源不可比拟，因此金本位的崩塌是必然的，因为货币供应量无法与快速发展的工业经济相匹配。因此，工业经济时代以金本位为基础的法币为开始，以锚定能源和大宗原材料的国际结算货币为终结。

在数字经济时代，作为基本生产要素的大数据将呈几何级数增长，量级、经济形态、增长的范式和不确定性都将大大增加，原有的货币体系和其发展的基础将不复存在。在数字经济时代，需要有与其相适应的货币体系和金融体系。

就像自然经济时代，货币与贵金属挂钩，工业经济时代，货币与能源和大宗原材料商品挂钩。数字经济时代，货币的发行、信用的形成也必然要与数据，特别是有价值的数据挂钩。

区块链引发了新一轮全球货币战争——数字货币战争。比特币的诞生，让世界认识了区块链，更认识到数字货币对世界的影响。数字货币将有可能成为人类信用进化史上的第四个里程碑。

2019年8月21日，中国人民银行微信公众号发布了两篇有关数字货币的文章，相当于官宣了央行数字货币这一重大消息。很多人以为央行数字货币的官宣与2019年6月18日Facebook瑞士子公司Libra Network（天秤座网络）发布加密数字货币白皮书有关，其实不然。

Facebook为什么要做Libra这件事儿？Facebook基于用户大数据挖掘的广告投放盈利模式碰壁"数据隐私"相关保护法案，特别是欧盟《一般数据保护法》（以下简称GDPR法案）对收集、使用用户数据等作出严格规定，要求必须得到用户明确授权或支付费用之后，企业才能对用户数据进行分析。显然，Facebook的商业成本将面临大幅提升的可能。因此，Facebook迫切需要寻求全新的盈利模式，以及开辟数字经济领域商业新大陆。Facebook计划将数字货币和金融基础设施结合起来打造"货币互联网"，建立一套全新的区块链体系，从而打造更低成本、更易进入、联系更紧密的全球金融系统，让更多人享有获得金融服务和廉价资本的权利，享有掌握自己合法劳动成果的固有权利。Libra 使用拜占庭容错（BFT）共识机制，在网络中建立信任。与 PoW 相比，BFT 可以保证即使某些验证者节点被破坏或发生故障，BFT 共识协议的设计也能够确保网络正常运行，这也是实现高交易处理量、低延迟和更高能效的共识方法。

首先，要看清楚 Facebook 的 Libra 的真实目的——基于区块链的支付标准。围绕全球月活 27 亿流量的支付标准，这是一个人类有史以来最为庞大的货币发行计划、货币标准计划。虽然 Facebook 发行 Libra 是受到欧盟 GDRP 法案影响的一次战略性商业模式转型的自救行为，但这个转型的布局太大了。

其次，根据 Facebook 的宣传，Libra 锚定在特别提款权（SDR）上，针对民众发行数字货币。但根据欧洲消息，Libra 没有严格按照 SDR 货币品种与比重进行相应匹配，而是将 SDR 第三位比重的人民币替代成新加坡元。新加坡是地缘所决定的世界贸易最大中转国之一，不难看出，Libra 针对民众发行数字货币之后，更大的野心是瞄向 toB 的贸易场景——跨境贸易。而且选择的"点"非常精准——注重自由贸易、自由金融的世界贸易最大中转国之一新加坡，并可以渗透世界第一货物贸易国——中国贸易当中。

再看中国央行。央行早在 2014 年就已经开始对数字货币进行研究，并且穆长春（中国人民银行数字货币研究所所长）表示，央行数字货币采用了区块链的内核，并不是区块链数字货币。那么区块链的内核是什么呢？是什么促使了央行对数字货币进行研究的呢？

在央行对外公布的消息中，核心其实也是标准——锚定人民币的数字加密"秘钥标准"与发放，发放对象也是民众，这和 Libra 是一样的。

那么数字货币与货币电子化根本上的区别是什么呢？为何全球都在关注数字货币的研究？很多人认为，数字货币可以大大降低货币的发行、流动、回笼成本，这一点是正确的，但数字货币与货币电子化的本质是不同的。这就回到了区块链内核这个问题上，区块链的内核是数学、密码学、可编程。数字货币可以利用数学的两个函数完成货币的发行与回笼，即构造函数与析构函数。如果我们将数字货币理解成智能合约，合约生成的预置条件利用构造函数，合约完成后的存正或销毁利用析构函数。货币的流动过程采用密码学，而密码学由三大算法构成：哈希算法、数字签名算法、加密算法。货币在流通过程中，哈希算法保证了安全性与流动路径跟踪；数字签名算法保证了货币在流通中的确权；加密算法保证了机密性与隐私性。将数学、密码学、计算机软件技术结合创造出的数字货币，对于央行来说，大大降低了印刷、防伪、回笼的成本。

那么货币从纸钞+电子化形式向加密数字货币转型的必要性是什么呢？难道仅仅是为了降低成本吗？

使用加密数字货币，可以精准掌握货币流通过程中的数据，有效防止金融犯罪，其最大的价值是，一旦深入应用于货币体系，将有助于精准掌握各方面的经济数据。这样一来，政府与央行的宏观调控能力将大幅提升，制定宏观调控政策的依据将非常精准。这就是加密数字货币最核心的价值，也是各国加强对数字货币研究的真正原因。

目前看，Libra与央行数字货币的发行对象都是民众，即toC。而Libra与央行数字货币的区别在于，一个是企业行为，一个是政府行为。Libra面临美国国会的审核，其通过概率我们不去判断。如果对数字货币的内核进行研究，可以发现，美国国会是否通过的核心在于，Libra是否向美联储释放基于区块链的记账权与数字货币流通过程的数据知情权。如果美联储拿不到Libra数字货币的过程数据，或者说美联储不能成为Libra的重要节点，美国国会是不可能通过的。而央行数字货币代替M0（流通中现金），将会影响民众心理。如果纸钞供应量下降或央行数字货币完全替代M0，就会影响社会的稳定。因此，数字货币的发展应该考虑人性化、社会心理学等方面的因素。央行数字货币的重要应用方向应该是跨境贸易、跨境金融，借助贸易第一大国地位，央行数字货币进入跨境贸易结算领域，不仅有利于人民币国际化，还将有利于增强人民币在国际体系中的主动权与话语权。

数字货币的本质不是智能合约、加密、流通，而是其具备价值转移的功能。

区块链应用于货币体系，可以打破国际资金清算系统（SWIFT）的单一跨境结算通道，这是区块链的技术特征所决定的。区块链发展初期，很多机构注意到了这个功能，SWIFT、VISA、IBM、摩根大通等在这方面都做出了相应部署。

数字货币的应用与普及将会大力促进全球跨境支付体系的重构。而跨境支付的前提是跨境贸易。对于人民币来说，央行数字货币如果借助中国贸易第一大国的地位，通过区块链在跨境贸易领域的应用，将大大促进人民币的国际化，促进人民币在SDR货币篮子中的比重加大，使得人民币的国际话语权加大，对缓解国内通货膨胀亦有积极作用。

因此，央行数字货币可协同贸易、物流、金融、监管四大领域共同发展，植入跨境贸易的"物流通、则金融通"环节中的资金流之中。要想完成这项工作，需要建立起全球区块链跨境贸易体系。中国海关总署已经开始指导建立这一技术体系与生态体系，需要进一步与全球各国海关、央行等政府部门进行区块链网络系统与生态系统的构建，这将为央行数字货币未来走出去打下场景基础。

数字货币的新信用创造方式对金融体系和普惠金融的影响十分深刻。法定数字货币只有在强有力的国家主权信用作为背书的条件下，才会对货币发行、流通、信用创造过程产生深刻的影响。当前，货币体系的信用扩张和创造机制主要还是围绕"中央银行－商业银行"这一二元结构进行的，即中央银行通过商业银行进行基础货币投放（贷款），调节准备金率。商业银行实际上充当了第三方风险控制的角色，对授信对象进行选择、评估、监管。

在数字货币条件下，由于交易信息透明度和监管的穿透力大大加强，商业银行的作用将越来越弱化，未来中央银行将可以实现"央行－个人"之间的直接信用创造，也就是中央银行与个人之间的直接交易，从而更好地实现普惠金融。当然，在最理想的信用条件下，人与人之间的直接信用交易将成为可能，即实现真正的去中心化价值信用创造机制。当然，目前这在可预见的未来仍然是乌托邦式的理想。这种愿景是否暗示着一种不同于当前的经济秩序和社会组织方式将会在不远的将来出现？

从目前来看，数字货币的革命性作用在于，使信息透明和监管的可穿透性增强。数字货币的信用创造机制的革新，在一定程度上可以保证货币发行和流通能够与经济发展的实际情况相匹配，为经济的宏观调控乃至微观层面的调控在技术上提供可行性。与此同时，基于区块链的数字货币通过全球贸易规则和政策的协调，实现主权国家之间数字经济的协同发展，实现信用价值的跨国互联互通和价值的跨境转移，最终构建全球互认、互联的信用体系。

4. 新产业价值链

过去几百年的工业化进程造就了现在的以钢筋、混凝土为基础的世界。如今，我们正在运用数字技术重新塑造世界。这个世界随着信息的更新存在着许多信息孤岛，我们应该搭建桥梁把这些孤岛连接起来。但是那只是理想情况，过去的经验告诉我们，整合工业行业的资源需要耗费大量的精力和时间，以确保技术的安全、数据的精准及市场的可持续。在传统的技术手段下，离散型、孤岛式的信息化模式使得系统集成难度大且成本高，大数据分析等技术难题也无法逾越，很难让企业数据发挥更高价值或从数据中获得更多的收益。现实社会当中，我们往往无法确保供应链的安全稳定及自主可控。

随着工业互联网平台等新兴技术的出现，如物联网、大数据、云计算、区块链、数字孪生等，产业链和供应链的发展面临着新的挑战，包括供应链安全和链上资产确权等问题。当前，对于中国来说，政府倡导产业链、供应链积极拥抱技术创新，大家身处产业链技术创新带来的浪潮之中。因此，将创新技术融入自身发展之中变得尤为重要。我们要以工业互联网平台作为基石，做好数字基础设施平台，这是打造自主可控的产业链、供应链的关键。通过这样的平台，可以确保实现产业链和供应链的价值及数字化转型，为产业链和供应链的发展构建全新的格局。

基础设施是为社会生产和居民生活提供公共服务的物质工程设施，是保障国家或地区社会经济活动正常进行的公共服务系统。

如果用哲学思维来定义，基础设施是社会赖以生存发展的一般物质条件。打个比方，交通、邮电、供水供电、商业服务、科研与技术服务、园林绿化、环境保护、文化教育、卫生事业等市政公用工程设施和公共生活服务设施都属于基础设施的范畴。在现代社会中，我们的衣食住行完全离不开这些基础设施。基础设施建设越智能化，我们的生活就将更加便利。对于工业基础设施而言，建设一个有良好影响力的互联网平台是满足制造业数字化、网络化、智能化需求的基础，也是基础设施建设亟需拔高的模块。因此，近年来"新基建"的概念频繁提出。在某种意义上，新基建的发展既带动着工业互联网的革新，又推动了基建经济化和新一轮数字化转型。对中国来说，新基建的数字化成果是智慧经济时代的革新性产物。政府倡导各机构联合起来，吸收新科技革命成果，其目的是实现国家的生态化转型。但是，归根结底，新基建的宗旨仍然是帮助新旧动能进行更替式转化，实现经济结构的稳定，建立现代化经济体系的国家基础设施。**换句话说，新基建在传统物理世界的基础上，打造出有生命力的数字孪生智能化通行空间。**

移动互联网时代，我国发挥"后发优势"，成为世界上最大规模的工业互联网市场之一。调查报告显示，当前全国各类工业互联网平台已有数百家之多，其中具有一定区域、行业影响力的平台超过 100 家，连接工业设备总数达到 7300 万台，工业 App 数量达到 40.3 万个。这些数字虽然抽象，但我们通过手机上的应用程序，可以直观地感受到这个现象。打开手机，我们可以看到，光是运行在手机上的软件就有数十个。但是这些软件仍然存在着或多或少的弊端，它们之间信息孤立，缺乏有效沟通，没有较好的连接渠道。对于大企业而言，小企业的专业力量无法被有效地利用，企业家需要花费很多心思寻找相应的渠道进行洽谈，这在无形之中给市场的发展造成了更多阻碍。而私有云的设立，使得信息的壁垒被加固。黑客们肆无忌惮地攻破网络，这对企业来说是致命的危害。不过，我们可以尝试突破这些壁垒。如果我们把壁垒全部打通，就可以让所有渠道畅通无阻。中国有句谚语叫"众人拾柴火焰高"。往往，企业联合起来所构筑起的安全防线，相较于单一企业而言，运用的资金较少。由于信息通畅，企业之间可以共享信息。当云服务和广泛连接真实存在的时候，大众信息的壁垒就会破除，上下游环节就会被打通。

因此，具备泛在连接、云化服务、知识积累、应用创新四大特征的平台，也正是产业链、供应链形成的必要条件。而确保网络节点畅通无阻的首要原则就是，打破产业中的大众信息壁垒，实现上下游环节的信息透明化，并在平台内部实现供应链上下游之间及企业内各部门之间的信息共享。当信息透明、沟通环节被简化的时候，企业的发展、产业集群的更新都能够很快找到最优路径。

如果这样的路径被篡改了呢？如果有一个黑客可以肆无忌惮地更换网络节点、挑战数据的权威、更换数据，那么我们所说的信息共享就将成为人类的灾难，而并不能为服务人类做贡献。因此，要想实现平台内外、供应链上下游之间信息的共享，首先要确保信息的安全和有效。

为了确保信息的安全和有效，我们可以将所有的信息切割成若干个模块或组，并按照顺序进行连接。在模块与模块之间、链条与链条之间，我们为信息赋予加密和安全性能，这样黑客入侵的行为就可以被有效避免。通过这种方式，我们可以确保孤岛与孤岛之间的信息安全。

连接起来的孤岛形成了强有力的边防线，也就是我们所说的区块链。因此，有效地利用区块链来实现信息共享，是提高工业互联网平台透明度的简单、高效的办法。借助区块链、物联网和数字孪生等技术，供应链端到端的信息可以得到合理管控，实现数据获取和处理自动化，并确保信息存储和使用的公开化。在信息协同方面，工业互联网平台利用物联网、人工智能、大数据，将企业与企业、社会相关方之间连接起来，形成数据联通和信息共享体系。通过持续的数据积累，形成大数据智慧，又能够反哺网络上的各参与方。

综合来讲，工业互联网赋能产业链、供应链，关注组织架构调整与人员适应，以数据为基础，补链强链，推动构建以国内大循环为主体、国内国际双循环相互促进的新发展格局。这种变革犹如猛虎添翼，可以为各行各业带来新的发展机遇。

5. 新文化价值链

古希腊智者学派代表人物普罗泰戈拉说："人是万物的尺度。"文艺复兴时期"人性"取代了"神性"，欧洲启蒙运动作为人类的第二次思想解放，诞生了持续至今的西方人本主义思潮和科学主义思潮。康德说"人并不仅仅是机器而已"。伴随着人对自我认知的觉醒，文化成为地球上人类专有的事物。文化是衡量人类社会发展的尺度之一，是人类文明存在的基本元素。

技术是在人类的需求和物质的价值两个维度的结合中不断被人类塑造的，文化是在技术的支撑下进行延续的。数字技术成为文化新业态的指引，根据数字时代人类的价值观和需求塑造的数字文化，鼓励以人为本的创新，以人性化的方式与世界和解，利用数字的潜力，弥合当前的文化鸿沟，促进民主与包容，这种新的数字人文主义将对社会起到长期作用。

在总的数字人文主义体系中，我们以丝路数字人文分支为例，以超越技术的深层次人文数字链接模式，来理解技术与人文的新定义。

丝绸之路是欧亚大陆商品贸易和生产技术的交流之路，也是欧亚大陆精神世界的交流之路，更是古代异质文明之间的往来之路。丝绸之路最独特的文化特征是跨文明的交流，这种交流的产生，就来自人类的好奇心，人类向往未知的事物。丝绸之路在千年的积淀中，留下了大量的故事和符号，其形态包括有形的、无形的，统称为丝路文化财富。丝绸之路沿线出土的文物是中国与世界交流的重要见证，彰显了中华文化在不同历史时期博采众长、融合创新的优良传统。丝路文化既有属于世界文化的内容，又有属于中华文化的部分，是世界文化和民族文化共同作用的结晶。丝路文化体现了各文化交流的内在基因，其自由、开放和多元化的世界观是人类文明共同体的内在。

丝绸之路的精神象征是丝路数字人文的遗传基因密码。在物理世界中，丝绸是丝路文化传播的核心象征，在艺术生产和商业活动方面，丝绸被视为文明的宝贵指标，它是一种有价值的可交易商品，也是一种历史性的交换媒介，代表着生活中更高尚的意义。

在数字世界中，丝路数字人文可以将丝路文化的视角定位为整体世界。丝路数字人文将丝绸之路经济带沿途不同知识和文化生态系统中的思想理念、新兴技术联系起来，建设可持续的人文科学艺术数据共享平台，创造超越空间的深层次人文数字链接模式，建构一个更具包容性、更有尊严和更有自主意义的数字丝绸之路交流体系，呈现充满活力和凝聚力、更公平的丝路文明。基于丝路文明的人文科学艺术数据共享平台，可暂且称之为"丝路文化元宇宙"。"丝路文化元宇宙"是一个个相互连接的数字空间组成的开放元界，以身临其境的新视角链接个人、集体、宇宙，淋漓尽致地展现一个高度数字化的、沉浸式的独特人文环境：人人都可以融入其中，通过虚拟现实塑造的数字身份（个性化的化身），创建不同文化特征的代码和故事，来影响所有文化，扩展所有文化。人人参与，是丝路元文化的基因。人们以虚拟的方式彼此联系，共同创造，建立共同的价值观和财富规则，以及对生活的期望。借此，一个由实时数据推动的现实丝路文化世界的元宇宙，将并行在人们的现实生活中，给人们一个独特机会，释放前所未有的个性主义的力量，重塑丝绸之路的文明。元宇宙中的丝路文明，不是虚拟的，不是虚妄的，它承载着历史上丝绸之路全部的价值，还将释放被忽略的价值，更将改变现有世界文明的总体价值。

数字丝路人文体现的世界，跨越了物理世界和数字世界，是丝绸之路的平行世界，横贯古今、跨多元文明共存是其雏形，它将释放更多的创造力，开辟新型的国际跨文化合作与文明互鉴对话形式，与其相匹配的新文化系统和价值观体系将逐渐形成。新数字人文价值观驱动人类的体验行为升级，尊重人类的集体智慧和个体智慧，让人类能够装下有趣的灵魂，彰显庄子"物物而不物于物"[①]的意境。

文化价值影响经济价值，数字人文主义激活新文化财富。以丝绸之路为代表的历史文明有大量的故事和符号，它们是人类文明中的宝贵财富，在世界发展中占据重要位置。数字技术与文化的相遇改变了文化的现实意义，将数据与文化遗产联系起来。数字技术不仅仅是作为管理工具或研究资料的载体，而是为人类建立了一个共同的文化资产智库，为公众提供将数字文化转化为经济价值的机会。

---

① 《庄子·外篇·山木第二十》。

第三篇

人类价值文明
通往未来的时代路径

第八章 | Chapter 8

人类价值文明的价值基石
——全球文明史

从世界古代史来看，希腊文明、罗马文明、欧洲文明、伊斯兰文明、中国的唐宋文化，以及文艺复兴等思想文化运动都对全球文明史产生了深远的影响。希腊文明在哲学、数学、科学等领域有着卓越的成就；罗马文明建立了庞大的军事帝国和执政机构；伊斯兰文明涌现出了众多杰出的学者和科学家，为人类文明的进步做出了巨大贡献；文艺复兴则是对中世纪文明的重大变革，从而催生人类艺术和文化复兴的时代……这些文明都为全球的文明史提供了宝贵的财富和绝佳的文化遗产。

近代以来，西方近代文明、现代中国文明、日本文化、拉美文化，以及工业革命等也都对全球文明史产生了深远的影响。西方近代文明萌生了民主、自由、人权等价值观念；现代中国文明以改革开放为契机，在经济、政治和文化方面取得了翻天覆地的变化；日本文化则注重精神修为和自我完善，在艺术和科技方面有着卓越的成就；工业革命使得人类的生产和生活方式发生了翻天覆地的变化……

全球文明史是人类文明的重要组成部分，展现着人类的智慧、创造力和价值观念。从中我们可以得出许多关于人类和社会的启示。例如，我们可以看到各种文明在历史上的兴衰及其产生的原因，也可以看到人类在历史上的互动和交流及其对人类文明的发展带来的影响。同时，全球文明史也告诉我们，文化之间的交流是促进人类文明发展的重要途径，它可以帮助我们更好地理解不同的文化和价值观念，促进文化的多元发展和进步。

通过对全球文明史的研究和探讨，我们可以更好地理解人类历史和文化遗产，也可以探寻人类发展的未来和方向。在全球一体化和文化全球化的今天，我们更需要在尊重文化多样性的同时，加强文化交流和合作，推动人类文明的繁荣和发展。

在数字科技革命背景下的价值革命，不仅代表了物质经济和生产力向数字经济和数据生产力的转变，更反映出新的价值观念正在逐渐成形，这与中华文明的价值观有着相通之处。中华文明强调道德修养、孝道、仁爱、和谐、中庸等传统价值观，这些价值观注重人与人之间的相互理解、尊重和包容，反映出"和合共生"的思想。数字科技的应用促进了人与人之间的交流互动，推动了经济、文化和政治的全球化，也使得全世界人民更加意识到在一个共同体中生活的意义。

价值文明的意义不仅在于整合全球文化和价值，更在于促进全人类的思想沟通、文化交流和价值认同。在东西方文明的交汇中，中华文明所倡导的"和合共生"和数字科技带来的全球化合力将会共同推动人类文明的变革。以区块链、人工智能等为代表的数字科技不仅推动了传统经济产业的升级换代，还为世界各国民众提供了更多机会和选择，提供了全球发展的内生动力。

第一节　中华文明的永续发展

中华文明是人类历史上的一块瑰宝，积淀着优秀的文化传统和宝贵的精神财富。

人民是中华文明的主体，也是其永续发展的核心。中华文明强调人文关怀，崇尚人本主义的价值观念。在传承中华文化时，必须重视人类的生命尊严、自由平等、团结协作和包容互助等核心价值，以人的福祉和利益为出发点。通过培养具有高文化素养和全球视野的人才，不断推进中华文明的现代化解构，适应时代的步伐，从而实现中华文明的创新发展。

同时，中华文明的永续发展也需要注重价值的传承。中华文化是价值观念的综合体，包括天人合一、仁爱、中庸之道等，这些价值观念是中华文明传承和发展的基石，在今天仍然有着重要的现实意义。为了传承中华文化的价值观，需要加强对中华文化的研究和宣传，推动中华文化的全球传播，让中华文化的价值观得到更多人的认同和接受。同时，也需要时刻关注这些价值观与当代社会的结合度，不断推进价值观的现代化，使其与时俱进、融入生活，为造福人类而服务。

此外，中华文明的永续发展也需要注重文明的创新。文明是社会的本质属性，它不仅是过去的积淀与传承，更是人类前进的驱动力。中华文明在漫长的历史中形成了独特的文化系统，如今社会的快速发展和变革也推动了中华文明的创新与进步。中华文明需要致力于创新实践，以及探究创新的方向。在加强中华文明传承的同时，也需要注重对中华文明进行深度解构分析，从中获得启示并突破传统的、固有的思维方式，从而发掘出新的价值，将其运用到实践中，推动中华文明与世界文明的交流互通。

总之，中华文明的永续发展需要结合人类、价值等方面进行综合优化。这需要我们从多个角度持续不断地推进相关工作。唯有坚持在新时代的大背景下推动中华文明永续发展、全面发展，不断增强自身文化软实力，弘扬中华文化的创造性精神，才能够为全球化和文明发展做出更大的历史贡献。

中华文明有着悠久的历史和深厚的文化底蕴。近年来，中国的数字化进程取得了长足进步，推进中华文明现代化也变得越来越重要。在这个快速变化的时代，中华文明现代化的实现需要思考如何将数字时代的价值作为内核，同时守正创新，通过数字丝绸之路实现合作共商、共通和共享，推动价值文明的发展，为人类文明的进步做出贡献。守正创新是实现中华文明现代化的关键。中华文明一直注重守正创新。就像中国的古代哲学大师所说的"正心、诚意、修身、齐家、治国、平天下"，中华文明的核心价值和理念，即"仁、义、礼、智、信"，就是追求守正，坚守核心价值观，走自己的道路，同时又不偏离正道。同时，也需要不断创新，不断探索新的领域，寻求新的发展路径和方法。

数字丝绸之路是实现数字现代化建设的重要方式。它需要实现共商、共建、共享，推动价值共同体的发展。数字丝绸之路需要借助数字技术的力量，实现全球范围内的信息交流和资源互补，推动全球范围内的文化交流和文明共通。

实现数字丝绸之路需要以价值的共通为目标。价值的共通是数字丝绸之路的基础，只有实现了价值的共通，才能建立起基于信任和合作的关系。在这个过程中，需要建立起共同的价值观，通过共商和共建的方式共同制定规则和标准，实现价值的共通，同时也需要共同实现价值追求，推动人类文明的发展。

守正创新是实现数字丝绸之路的共同目标。在这个过程中，需要尊重文明的差异，尤其是需要尊重数字技术的差异，从而推动数字科技的发展，实现数字文明的共同繁荣。数字丝绸之路需要以价值为驱动，以技术为手段，实现共商、共建、共享，构建价值共同体，让价值文明的发展为人类文明做贡献。

第二节　价值文明的全球文明意义

首先，价值文明的意义是人们的价值观和思维方式的全球转移。这包括道德标准、文化传承、教育、科技和经济发展等方面。在全球化和互联网时代，这种全球转移已经变得不可逆转。这种价值文明的全球转移对人类的历史和未来有着深远影响。它促进了不同文化之间的交流，打破了文化之间的壁垒，促进了人类的共同发展。同时，价值文明的全球转移也塑造了人们的思想，改变了人们的思维方式和行为方式。在人类发展史中，文化之间的冲突和误解一直是不可避免的。但是，通过价值文明的全球转移，人们可以建立更为和谐的社会和文化环境。这种全球转移还有助于消除种族主义和歧视，促进平等和团结。全球经济的发展也需要价值文明的全球文明支撑。价值文明的全球转移可以使不同国家之间的经济联系更加紧密，促进贸易和投资，推动经济发展。同时，价值文明的全球转移也可以加强人们之间的合作和信任，建立更为紧密的国际秩序。价值文明的全球转移对全球文明的发展有着深远影响。

其次，价值文明具有普适性。无论在哪个国家、哪个地区，人们对和平、自由、平等和正义的追求都是普遍存在的。这些价值观念不但在西方传统文明中有所体现，而且在东方传统文明中同样占据着重要的位置。随着全球化的推进，各种文化之间的交流越来越密切，我们对各种文明的包容度也日益增加。

跨越国界的价值共识打开了交流的大门，推动人类文明更好发展。

再次，价值文明具有极强的包容性。价值文明有效地融合了各种文明。历史上，文明经历了繁荣和衰落，但无论哪种文明，保留下来的都是它们的价值观念与经验。这些价值观念包括不同文化和历史的发展，它们相互交融，具有极强的包容性。在此基础上，人们不仅可以发现和理解各种文化的优点，而且可以利用这些优点促进人类共同进步。

价值文明的全球意义还表现在它能够激发人类的创造力，推动人类社会的发展。在价值文明的求同存异中，我们能够看见不同文化的创造力，同时也能够激发人们开辟新领域、缔造新文明的热情。比如，在科技领域，人们通过对传统价值观和现代科技的融合，研发了新能源和新材料；在文化领域，不同文明间的交流与融合，带来了许多新的艺术风格，这种创新使全球文明更加丰富多彩。

最后，价值文明是构建人类命运共同体的基础。全球化时代，形成真正意义上的人类命运共同体是我们必须面对的现实。而建立人类命运共同体的关键就是，在价值观念的基础上建立起互信、合作和共同发展的新型全球治理机制。通过加强人类文明之间的互信、交流和合作，为全球跨越国界的合作和共同发展奠定坚实的基础。

我们应该不断推进全球价值文明的交流与融合，对人类文明进行持续的理性思考，通过价值交流的方式，让人类社会更积极地迎接未来。

第九章 | Chapter 9

人类价值文明共识空间——元宇宙

2021年以来，数字孪生、扩展现实、区块链、物联网、人工智能、大数据等数字技术的进步正汇聚成一波巨大的浪潮，也就是元宇宙。网络上对这个新兴概念的解释为：元宇宙是利用科技手段进行连接与创造的，是与现实世界映射、交互的虚拟世界，具备新型社会体系的数字生活空间。元宇宙本质上是对现实世界的虚拟化、数字化，需要对内容生产、经济系统、用户体验及现实世界进行改造。它基于扩展现实提供沉浸式体验，基于数字孪生生成现实世界的镜像，基于区块链搭建经济体系，将虚拟世界与现实世界在经济系统、社交系统、身份系统上密切融合，并且允许用户进行内容生产和编辑。有些学者认为，元宇宙已经存在于现实世界中了，如远程会议、线上订餐、远程教育等，这些打破空间限制的"镜像世界"，在某种程度上可以被称为元宇宙；还有些学者认为，元宇宙不过是在一群衣食无忧的幸运儿追求精神愉悦的虚拟游戏中存在的空间而已，并可能朝着毁灭人类的方向发展。

与传统的虚拟世界不同，元宇宙是一个高度互联互通和具有真实性的虚拟空间，它将数字技术和价值理念相结合，为人类社会带来了新的价值空间，成为一个引领人类前进的新方向。元宇宙是一个拥有无限潜力的数字世界，它将虚拟世界和现实世界连接起来，使得人们可以在其中实现各种不可能在现实生活中实现的愿望和目标。与此同时，元宇宙也是一个高度互联互通的世界，所有的数字资产和数字信息都可以在其中流通和交换，形成一个全新的数字经济系统。这也意味着，在元宇宙中，人们可以更加自由地发挥个性和创造力，探索未知的领域和创造价值。

然而，元宇宙并不是一个单纯的技术世界，它需要与人类的价值理念相结合。元宇宙的规则和价值观念的基础，在于人们对数字世界的理解和认知。在建设元宇宙时，我们需要充分考虑人类的基本价值观念，尊重个人隐私、保护个人权利、加强治理、确保公正和透明等，形成一种全新的且符合人类社会发展需求的价值理念。

此外，元宇宙的建设还需要全球范围内各方的积极参与和协作，形成统一的价值共识，确保规则的制定和实施不受局部意见主导。这需要各国政府、行业机构和社会组织之间开展充分的协商和合作，统一数字世界的规则和标准，统一价值共识，建立有效的监管和管理机制，推动元宇宙的可持续发展。

总之，元宇宙是一个全新的数字世界，需要人类共同努力，需要各方达成价值共识，迎接这一全新的发展机遇。元宇宙的建设需要充分利用数字技术的优势，并与人类社会的价值理念相结合，以提供更好的数字化生态环境，赋能个人和企业，促进经济和社会的繁荣发展。

第一节　价值趋性的共识选择

元宇宙不是一种选项，而是一种在数字技术驱动下人类发展的必然趋势，是价值趋性的共识选择，是人类思想意识自由解放的时代产物。

互联网时代催生了新的连接方式，其作用相当于航海技术的进步和地理大发现，都是将全世界连成一个整体。而元宇宙则相当于发现了人类生存和发展的"新大陆"。全新世界的开辟，为生活在已知世界的人类提供了新的发展动能和发展空间，是人类开辟的新的生存空间。

据估计，世界人口总数将在 2050 年增加到 97 亿，并于 21 世纪末增加至 112 亿。那么我们不禁要问一个问题：除了粮食、能源和工业品消费，最重要的问题是，这么庞大的人口，如何生存？

回顾历史，第一次工业革命时期，欧洲以数千万工业人口支撑起了西方世界的工业化。第二次工业革命时期，美国以 2 亿的工业人口支撑起了整个西方世界的工业化进程并将其延伸至发展中国家，包括中国在内的 10 亿工业人口生产了全球主要的工业消费品，在全球 70 多个工业品类中，仅中国的产量就占到 30% 以上。

"二战"之后将近 70 余年的历史经验告诉我们，全球近 10 亿规模的工业人口即可满足全球人口的工业品基本消费需求。那么，在农业、工业吸纳就业的能力逼近极限的情况下，在全球人口突破 80 亿并将突破 100 亿的将来，其他人口的生存来源在哪里？工作岗位在哪里？收入增长的前景在哪里？

目前，人类社会的两位杰出人物给出了截然不同的答案。天才马斯克率先给出了自己的答案：宇宙殖民，首先是火星。马斯克用硬核的方式为人类开辟新的物理生存和发展空间，但可能在实现宇宙殖民前，我们的人口、资源和就业压力就已经到达临界点了。

在宇宙殖民实现之前，人类将如何面对这样必然到来的困境？如何避免马尔萨斯陷阱？如何打造命运共同体？

另一位天才扎克伯格也给出了答案：元宇宙。

在我看来，元宇宙可能是在现有技术条件尚未实现突破的情况下，人类向更深维度发展的一次契机，也是人类以自己的方式拓展生存空间的一种途径。

在"只有一个地球"的当下，在人口与环境的矛盾激增的当下，元宇宙能否作为新的处女地，为人类的产业升级和生产力发展，乃至个体解放提供新的可能性？

更进一步讲，人类社会在经历农业社会、工业社会、信息社会等不同发展阶段后，主要就业人口也在沿着这条产业进化路线转移，从事农业生产的人口占比大幅减少，在工业 4.0 和智能制造的加持下，从事物质生产的就业人口也将大幅减少。伴随着人们收入的增长和产业的迭代升级，这几乎是一个必然过程。在信息化的初级阶段，工厂工人变成了工程师，而渐渐地，工程师也不再"高大上"，"码农"这个带有自嘲意味的名词很形象地说明了这一点。但不可否认的是，即便是辛苦如"码农"，其收入也比生产线的工人高得多。那么下一步呢？

就像之前所讲述的，当包括衣食住行在内的物质生产不再需要大量人口时，在物质剩余能够养活近百亿人口的未来，人们是否不再需要工作了呢？

答案显然是否定的，劳动人口的产业迁移是必然的，不过，要迁移到哪里呢？

马斯克给出的答案是宇宙殖民，开辟"新大陆"。当然这个想法是建立在人类发展模式和生产生活方式不出现大的变化的基础上的，宇宙殖民的思路无异于寻找下一个"新大陆"，即"新地球"，开垦、殖民，然后重复人类历史上已经重复过的故事。这是一种旧的发展逻辑，即只要有新的物理空间可供人类"开垦殖民"，和平发展就不可能实现，但这种发展逻辑是否可持续，值得我们思考。

人类过去几千年的发展历史的底层逻辑是对生存资源和生存空间的获取和竞争，在生存资源总量不变的条件下，竞争就成为人类历史的主线。

对于这种情况的担忧，未来学家们已经进行了各种猜想，也产生了大量文学作品和影视作品。无论 20 世纪的《星球大战》《沙丘》，还是近年来火热的刘慈欣创作的《三体》，这些作品的世界观和科学幻想的底层逻辑仍然是基于数千年来物质生产方式和发展逻辑的，而物质生产的扩张，必然要求人类开拓新的生存空间。在人类的生存空间扩展到星际殖民后，分裂、资源争夺、战争等或将重演。

这是否意味着，人类社会的宿命就是不断地循环：发现新大陆、扩张、资源争夺、引发战争、毁灭？马尔萨斯陷阱在一定程度上是人类发展的必然。

那么从这个意义上讲，元宇宙这一新事物的出现不仅为人类提供了新的生存发展空间，也是一种新的发展逻辑，一种向内求索而非向外扩张的发展逻辑，一种资源代价最小化的人类发展逻辑。在当今这个信息时代，各种新技术不断涌现，其中最具前瞻性和发展潜力的就是元宇宙。元宇宙是一个数字化世界，具有高仿真度、高交互性和逼真的虚拟场景，可以为用户提供全新的感官体验，能够极大程度地满足人们的沉浸式体验需求。

元宇宙的概念源于科幻小说，但随着科技的发展和数字经济的崛起，元宇宙不再是一个虚构的概念，它正在成为必然趋势和人类新的价值共识。在元宇宙中，用户可以自由探索和交互，无论游戏、教育还是商业，都将得到超越传统的新体验。例如，元宇宙可以为用户提供更真实的购物体验，可以使用虚拟货币进行结算，可以实现商品展示、下单、支付等完整流程。此外，元宇宙还可以让用户参与到虚拟现实中，体验身临其境的感觉，这对学习、探索、创造和发展而言具有非常大的潜在价值。

然而，元宇宙的发展也面临诸多挑战。首先，虚拟世界与现实世界的融合需要通过技术和制度的再造来实现。其次，虚拟世界的发展需要与现实世界保持良好的协调，这需要政府、企业和个人之间的密切合作。

元宇宙是人类思想意识自由解放的时代产物，在如此广阔的虚拟空间中，我们必须深入思考和探讨，更好地利用元宇宙，实现人与自然、人与社会的更好融合，达成人类价值共识。

第二节　当下文明的价值孪生

元宇宙是一种与现实世界平行的虚拟世界，是虚拟现实技术和现代通信技术的结合体，能够提供沉浸式的体验，并极大地扩展人们对现实世界的认知。伴随着区块链技术的逐步完善，成熟的经济体系将虚拟世界与现实世界在经济系统、社交系统、身份系统上密切融合，元宇宙在数字化、产业化、工业互联网、车联网、智慧城市等方面都能得到广泛应用。归根结底，元宇宙最终还是为现实世界服务的。数字基建是元宇宙连接现实世界和数字世界的桥梁。**数字基建就是在传统钢筋水泥的物理世界基础之上打造的有生命力的、数字孪生的智能化通行空间，赋予传统基建生命力**。城市新基建的数字化向人工智能化发展，它既是当下城市数字化进程道路上的重要组成部分，又是元宇宙"混沌期"的开端。技术人员通过基础硬件的智慧赋能打造完整落地应用系统，在物理空间基础上孪生出数字化的智能通行空间，使系统之间的联动、通行场景状态实时可见，带给人们无感通行体验。可见，通过物联网构建的一种电子流动的数字虚拟空间亦为元宇宙的一部分。

元宇宙被誉为数字世界的"第二个家园"，在这个虚拟空间中，人们可以参与到不同的经济、社交、文化等活动中。同时，元宇宙也极大地拓宽了人们的思维边界，给予人们更好的生存、发展和创造的机会。

元宇宙是虚拟的世界，但它所表现出来的是真实世界的孪生体，它内部的价值相对于现实世界来说也是真实存在的。从价值的角度来看，元宇宙在提供各种服务时，强调的也是价值。随着元宇宙的不断发展，它的价值意义也会愈加凸显。

首先，元宇宙为创新和创造提供了全新的舞台。在元宇宙中，各种艺术形式、娱乐活动、新型科技等方面的研究被更快推进，给世界各地的人们提供了一个全新的创新平台。这些创新带来了社会的发展和进步，也让人类的日常生活更加方便。

其次，元宇宙将人们的沟通与协作变得高度人性化和远程化。在现实世界中，人们的面对面沟通和信息传递受到时间和空间的限制，而在元宇宙中，这些限制被打破了，人们可以在不受地理位置限制的情况下联系和合作，也可以在不同的地点和时间进行实时音视频通信，大大提高了协作的效率和生产力。

最后，元宇宙还可以提供更多的教育机会和更好的实践环境。从早期的游戏教育到现在的虚拟实验室和视觉化设计辅助，元宇宙为学习者提供了更多的教育机会，同时在色彩、声音、视觉特效等方面，也引领了人类感知未来的新方向。

我们可以畅想一下，作为未来新型数字基础设施，在元宇宙时代，城市基础设施数字化应用早已成熟、完善。未来，大规模的"元宇宙基建"也应该像新基建的构造原则一样，在去中心化的前提下，整合多种新技术，如5G、人工智能、云计算等，利用多源数据，产生虚实相融的互联网应用和社会形态，实现用户先导，人人参与，在新形态的网络世界中，搭建自己的"罗马城"。

元宇宙固然有诸多好处，但是，随着元宇宙概念的提出，以及NFT、Web3.0等新概念的兴起，出现了投机炒作、避实就虚的现象，一部分资本空谈元宇宙的前景，却只是将手伸向了投资和金融领域，这也为元宇宙带来了金融、技术和社会治理等方面的新风险。

此外，一旦行业被垄断，搭建平台者将拥有至高无上的权力。在缺乏监管的情况下，资本只会以利益为导向。一方面，垄断者可以给靠近他的人足够的权力，给远离他的人过多的限制；另一方面，在未来垄断者可能因为更大的利益直接出卖现在的公平机制。

当然事实也不止于此，看过电影《头号玩家》的人都知道，导演史蒂文·斯皮尔伯格在电影中塑造了一个超脱现实生活的虚拟世界——oasis（绿洲）。在那个世界里，每个人都有自己理想中的形态，他们有可能无法再接受现实生活中的自己。当一切过分趋向于理想化、虚拟化时，人类之间的信任将会遭受巨大的危机。现实世界和虚拟世界是存在矛盾的。程序背后的本质是人类，人类对于生产力的构筑取决于人类对于价值的定义。换句话说，什么是吸引人的，什么是好玩的，资本家就会设计什么。因此，正如现在所遭遇的互联网危机一样，互联网背后是一个有组织、有方法的群体，他们顺应人性的弱点，通过对人性的挖掘和大数据的应用，制作了很多消耗时间的程序，让人在不知不觉中失去思考的能力和判断的能力。传播者对价值观的塑造，是无形却有意的。在一些看似模棱两可的信息中，通过诱导，通过低端高频率的感官刺激，使得受众逐渐迷失了自我，盲目信从，让互联网在无形之中成为某些不法分子手中的利刃。

虚拟世界可以激发创造力，可以拓展生命体验，可以在娱乐、教育甚至科研等方面做出贡献。元宇宙作为一个新的空间，其落地场景需要更好地服务于用户，不断提升用户体验，切切实实改善用户的生活状态，才能摆脱概念炒作的嫌疑，锻造出一个真正的、为人感知的新世界。

元宇宙最具代表性的定义是：元宇宙是一个平行于现实世界，又独立于现实世界的虚拟空间，是映射现实世界的在线虚拟世界，是越来越真实的数字虚拟世界。比较而言，维基百科对元宇宙的描述更符合元宇宙的新特征：通过虚拟增强的物理现实，呈现收敛性和物理持久性特征的，基于未来互联网的，具有连接感知和共享特征的 3D 虚拟空间。

也就是说当今语境下的元宇宙内涵已经超越了 1992 年《雪崩》中所提到的元宇宙：吸纳了信息革命（5G/6G）、互联网革命（Web3.0）、人工智能革命，以及 VR、AR、MR，特别是游戏引擎等虚拟现实技术革命的成果，向人类展现出构建与传统物理世界平行的全息数字世界的可能性；引发了信息科学、量子科学、数学和生命科学的互动，改变了科学范式；推动了传统的哲学、社会学，甚至是人文科学体系的突破；囊括了所有的数字技术，包括区块链技术的成就；丰富了数字经济转型模式，融合了 DeFi、IPFS（星际文件系统）、NFT 等数字金融成果。如今，虚拟世界联结而成的元宇宙，已经被投资界认为是宏大且前景广阔的投资主体，成为数字经济创新和产业链的新疆域。不仅如此，元宇宙为人类社会实现最终数字化转型提供了新的路径，并与"后人类社会"全方位交汇，是一个与大航海时代、工业革命时代、宇航时代具有同样历史意义的新时代。

现在就是下一个大航海时代。向外，我们去发现、去征服宇宙；向内，数字技术打造出的元宇宙正在无限延展。这是另一个宇宙般硕大的世界，它也必将成为充满机会的新大陆和新宇宙。在元宇宙里，新大陆、新宇宙、新时空将变成一张缩略图。无需几个月的航海或飞行，在现实世界的一瞬间，我们就能移动到想去的地方。不再有剥削，不再有对大自然的破坏，一切都能通过数字技术创造出来。尤瓦尔·赫拉利在《未来简史》中提出过"人是否能成为神"的疑问，而在元宇宙中，答案是"人已经成为神"。在元宇宙中，唯一能限制你的是你自己的想象力。自由自在地创造，自然而然地交流，亦真亦幻地体验，亦实亦虚的场景……元宇宙没有固定的形态，它可以成为任何形态。它包含着我们的想象，它可以广大无边，也可以有棱有角；它的疆域可能有宇宙那么大，也可能只有足球场那么小。元宇宙源于人们对科技探索的想象和实践，成长于对自我和群体、生活和生命、意义和价值的思辨。这不仅是一场技术革命，也是人类价值文明的演进。

元宇宙是革命性的选择。它是人类的一场思想及文明的变革。技术在成熟到一定程度后，正好可以支持元宇宙背后的思想运动。著名经济学家朱嘉明曾表示，元宇宙提供了一种远大实验的可能性。我们可以把形而上、形而下、超时代等所有灾难性的东西在元宇宙中进行模拟，来教育那些不倡导和平的人，我们可以在这座诺亚方舟去验证什么是对的。

时下，关于元宇宙这个新生事物，众说纷纭。技术上的探索及游戏内容的开发呈白热化趋势。元宇宙存在资本泡沫的成分，也具有实际的基础。在元宇宙领域，目前各产业仍处于探索阶段，既需要扶持，也需要监管，政府及相关领域应加强对元宇宙发展可行性的研究和探索，如此才能更好地引导元宇宙未来的发展，避免陷入元宇宙的漩涡。

元宇宙存在附加价值。元宇宙中的附加价值是指由创意驱动所产生的一致性价值，其源于内容、定制、情感等产生的附加溢价。

体验价值： 这是用户参与的基础。与互联网经济不同，用户进入元宇宙不只为了获取信息，而是以虚拟人身份主动进入具有真实性及社会临场感的场景之中，从而表达自己的情感，参与到经济活动中。

创意价值： 元宇宙使信息中的创意创造变得极为重要，创意创造是从供给角度内生的附加值。不同于现实经济中的科技创新，元宇宙更重视别具一格的想法，并且更具开放性（所思及所能）。

传播价值： 元宇宙重塑了传播价值，且为参与者提供了知识传播的新场景。创意方与用户在完成产品所有权转移的同时，还能实现流量、传播力的交易，从而诞生新的细分市场并产生传播附加价值。

变现价值： 用户在元宇宙中进行体验、创意和传播，其最终目的是获得变现价值。元宇宙的变现附加值体现在用户行为本身能够基于特定机制产生可变现的实质价值上。

资本价值： 未来，元宇宙将涌现出越来越多的数字资产，出于资产配置多元化的需求，将会有更多的传统资本在该领域布局。

元亨利贞。——《易经》

四方上下曰宇，往古来今曰宙。——《尸子》

宇宙便是吾心，吾心即是宇宙。——《陆九渊全集·杂说》

天下万物生于有，有生于无。——《道德经》

1990年，钱学森院士在致汪成为的手稿中，就已提到"Virtual Reality"（虚拟现实），并将它翻译为具有中国味儿的"灵境"，使之应用于人机结合和人脑开发的层面上，并强调这一技术将引发震撼世界的变革，成为人类历史上的大事。

元宇宙也是人类创造的故事。从最初的洞穴壁画，到篝火故事，再到甲骨文、形声汉字、中国敦煌壁画、小说、漫画、电影、电视剧，到现在的虚拟现实和增强现实，其实它们都是不同的元宇宙形态，元宇宙沉浸程度（即元宇宙率）在不断提升，跨越时空，虚实结合。

孔子之所以伟大，是因为他有一套自己的元叙事方式，或者说愿景，以及明知不可为而为之的坚持，这是他的"乌托邦"。

在轴心时代，西方柏拉图的理想国与东方的大同社会在某种程度上都是建设美好国家的元宇宙。

然后，到了笛卡儿时代，笛卡儿想用代数来解决所有的数学问题，这就是他的元叙事方式。

西方的哲学家，如莱布尼茨认为，不同地区之间的沟通太困难了，要设计一种通用的符号语言，让世界人民可以更方便地交流，这是他的元宇宙。

到了爱因斯坦时代，爱因斯坦的元叙事方式就是，统一场论，统一这个宏观的宇宙世界及微观的原子世界，甚至量子世界。再往后，托马斯·弗里德曼提出"世界是平的"，这个观点引领了全球化的浪潮。但现在，这个故事讲不下去了，需要一个新的故事，也就是由元宇宙来引领。

总之，元宇宙作为现实世界当下文明的价值孪生体，其已经在日常生活和社会发展中扮演着越来越重要的角色。它不仅为人们提供了新的空间和体验，也为实现价值共识和愿望提供了全新的途径和手段。

第三节　未来文明的价值推演

元宇宙价值文明时代的到来，不是将来时，而是现在进行时。面对正在形成，甚至很快进入大爆炸阶段的元宇宙，我们要知道元宇宙的价值主体是什么，即元宇宙的原住民是谁。

在元宇宙的早期，真实世界中的人们通过数字映射的方式获得虚拟身份，通过数字化，实现对传统人的生理存在、文化存在、心理存在和精神存在的虚拟化配置，进而成为元宇宙的第一代虚拟原住民。这些原住民具备现实人与虚拟人的双重身份，拥有自我学习的能力，可以在元宇宙中互动和交流。若干年前上映的科幻电影《银翼杀手2049》展现了未来社会的"人类"构成，包括生物人、电子人、数字人、虚拟人、信息人，以及他们繁衍的拥有不同性格、技能、知识、经验的后代。元宇宙的价值主体，如生物人、电子人、数字人、虚拟人、信息人，最终都将演变为有机体和无机体，并随着人工智能和生物基因技术的结合，成为所谓的"后人类"。

如果一定要说明当下碳基人类和数字人、虚拟人的关系，那么，我们可以这样解读：碳基人类只能活一次，都会经历生老病死，无法永生；但数字人和虚拟人可以有N个，可以永生。也就是说，碳基人类在死亡后，其数字化形象依然能够存在于这个世界上。这就需要实现如下内容：一是将可信任的数据存储下来，二是模拟与碳基人类一样的数字人，将其"生命"延续。这应该是没有悬念的，从"碳基时代"到"硅基时代"，未来已来。元宇宙的出现可能改变人类社会对于自身存在的主流认知，向虚拟时空的跃迁是信息技术和人类文明发展的必然趋势。

一个完整的元宇宙世界需要强大技术的支持，这样才能保证元宇宙世界不仅仅是一个存在于小说和电影中的概念。仅凭单一领域的技术无法构建出完整的元宇宙形态，诸多先进技术相互结合才是构建元宇宙的基石。支撑元宇宙的六大技术（BIGANT）包括：区块链技术、交互技术、电子游戏技术、人工智能技术、网络及运算技术、物联网技术。这六大技术，即六座技术高塔[1]，从价值交互、内容承载、数据网络传输及沉浸式展示融合四个方面构建元宇宙。BIGANT赛道近年来均发生了边际变化，目前在从技术的供需层面逐步支撑元宇宙的发展。

在技术视角下，元宇宙包括内容系统、区块链系统、显示系统、操作系统，最终展现为超越屏幕限制的3D界面，所代表的是继PC时代、移动时代之后的全息平台时代。映射、反馈、调整社会参数，引导决策……元宇宙不是

---

[1] 邢杰、赵国栋、徐远重等，《元宇宙通证：通向未来的护照》，中译出版社，2021年。

世界的模拟，而是"世界的孪生"。

元宇宙可以被理解为一个跨越时间、空间和媒介的数字现实世界，是一个整合了虚拟现实、人工智能、区块链等多种技术的数字化空间。在元宇宙中，人们可以感受到超越现实世界的自由和可能性，并通过代表自我价值的数字身份与他人互动。因此，元宇宙被认为是未来文明的价值推演。

元宇宙提供了一种重新定义人类文明价值的新方式。在元宇宙中，每个人都可以建立自己的数字身份，这个身份包括他们的历史记录、访问过的地点、习惯和行为。每个人的数字身份都被纳入一个集体的价值网络中，可以与其他人的身份交换，从而为未来的经济、政治和文化奠定新的基础。

元宇宙提供了一种重新定义地球传统产业的新思路。随着元宇宙的发展，人们可以在其中提供新的产业和服务，例如，元宇宙内部的房地产和游戏等。在这个新的经济体系中，虚拟财产和实际财产可以相互转化，从而使得传统产业得以实现数字化转型和升级。

元宇宙提供了一种重新定义人际关系的新途径。在元宇宙中，新的沟通方式与社交网络不同，它更加真实且可靠，可以激发出更多的创新和合作的可能性，实现人类社会文明的进一步发展。

总之，元宇宙是一个充满可能的数字世界，对未来的文明发展和价值推演有着至关重要的作用。在不断发展的数字技术和虚拟现实技术的驱动下，元宇宙将成为新的经济、文化、社交的基础。对于每一个人来说，了解和探索元宇宙的时代已经到来，我们需要不断地学习和创新，以适应这个新的数字文明时代。

第十章 | Chapter 10

人类价值文明的价值共同体
——人类命运共同体

我们需要在文明转型方面更加努力。建立人类价值文明，使其在全球范围内得到广泛接受和传承，是建设人类命运共同体的必要手段。我们希望通过开展文化交流和人文接触，深入挖掘和传承中华文明的传统文化，构建推动全球道德观念升级的平台，推进全球文明进程。

价值文明是人类社会转型、改革的核心。价值文明不是技术层面、产业层面、媒体层面的一般性变化，而是社会全方位的范式转变，是物质世界向以价值为导向的数字世界的转变。数字化在经济、政治和哲学方面的影响是实实在在的，也是惊人的，它促进了人文主义的进一步全面发展，促进了人类实现自由、和平及与自然和谐相处的目标。

第一节 价值维度：技术驱动下的人类文明负熵

文明可能会倒退，文化可能会消失，自然环境可能会恶化，人性也可能趋于恶……关乎人类社会的种种，可能进步，也可能退步。事实上，退步的领域更多，而科技的进步是人类历史上不可逆转的。价值文明的实现路径是，由技术启发，到解放个性，再到实现自由而全面的发展。价值文明时代的技术不是单项的技术，而是以往所有技术的大融合。

在数字技术驱动下，人类文明的规范发生了变化。生命科学认为，生命就是用来处理数据的，这意味着万物皆计算。生物体收集各种数据，然后处理数据，做出各种各样的反应。现在，人类对知识的理解越来越深入，并催生了很多新的知识，得到了更加有效的信息。在计算机出现之前，我们处理信息大多依靠感觉、规则、制度、法律及社会环境。在计算机出现之后，信息可以用 0 和 1 来表示，数据的确定性增强。人们编写的可无限循环的计算机程序，包括框架、法则，本质上是一种人为规定。

因此，数字技术的发展使得信息处理更具有效性和确定性，回归了万物皆计算的本质。

价值文明的实现需要以技术为驱动，不断培育和弘扬人类的价值共同体观念，让技术与价值文明相互促进。数字技术的出现，使得我们处理信息的方式更加有效且规范。结果必然是，出现一个新的人类文明，需要我们不断去探索。

然而，人类社会仍然面临着回退和衰退的可能，这需要我们密切关注并采取行动。我们需要避免文明和文化的消失，我们要保护自然环境，同时防止人性的恶化和社会的倒退。在这样的背景下，科技的进步必须与人类价值共同体观念相结合，以促进人类文明的进步。我们要寻找并传承适应现代社会的新的价值理念，让世界更美好、更和谐。

我们应该充分利用数字技术的驱动作用，进一步激发个性，实现自由而全面的发展，同时弘扬人类共同的价值观念。这样，我们才能使科技与价值文明相互促进，推动人类社会不断向前发展，最终实现更加美好、和谐的未来。

未来，人类将打破"想象的秩序"，建立真正的价值秩序。在社会秩序方面，以前人们以算法的方式组织社会；21 世纪，用数据算法的方式组织社会变得更容易。数据的威力无穷，因为它能够重塑现实，映射万物的价值。

价值文明是不以人的意志为转移的一场变革，它是技术进步的必然结果，是人类发展的客观规律，是不可阻挡的，就像人类历史上各种文明的出现一样。当然，价值文明和农耕文明、工业文明等一样，并不能解决世界上的所有问题。但价值文明的出现，将使人类的生产、生活、治理方式等发生革命性变革，人类将进入新的且更加文明的价值文明时代。

第二节　价值同构：人类发展倡导价值共同体的必然趋势

过去，战争和掠夺曾是人类社会进程中不可避免的环节。然而，随着科技的发展和价值观的转变，人类社会正在向着一个更为包容和共享的利益共同体方向发展。历史进程中，战争和掠夺的悲惨教训教会了我们不要再重蹈覆辙，而是要探索新的价值观和新的发展方式。因此，以"数字为基准的价值"进行文明的辩论比赛，探索世界新秩序的力量和新文明的基因，已经成为我们勇毅前行的方向。

数据是价值共识的载体，我们可以从数据中得到知识，更好地理解世界，改善生活。数字技术的快速发展也汇聚了人类智慧，形成了一种全球共享知识的趋势。人类智慧通过数字技术实现共享，推动人类社会向着更加开放、包容和共享的方向发展。

在变革的时代背景下，不同国家和地区的文明思想、宇宙观、价值观等都能够为人类文明的发展贡献力量。可以说，各种文明的悠久起源和丰富内容为我们提供了精神指引，帮助我们解决当前面临的各种挑战。

在世界日益紧密的联结中，人类已经形成一个相互依存的共同体。我们应该尊重不同文明价值观之间的差异，推动全球文化的交流和融合。以多元、包容的态度，建设人类命运共同体，使人类命运共同体成为共同愿景和追求。

无论工业文明还是价值文明，都是人类文明史上的重要阶段。我们应该理解两种文明之间的联系，把握时代的发展脉搏，塑造新的价值观念和新的社会规范。一个更加开放、包容、共享、和平的世界需要我们的共同努力，而价值文明则有着不可替代的作用。如果人类整体也有生命的话，价值文明将成为人类"余生"的规范。工业文明与价值文明的交替可能是人类文明史上最温柔的交替，因为战争无意义，掠夺受限制，两极在削弱，人类社会正在摒弃传统的战争、掠夺、欺诈等手段，而是用"以数字为基准的价值"进行文明的辩论比赛，探索世界的新秩序和新文明的基因。

当今世界面临的突出矛盾，需要依靠物质的手段攻坚克难，也需要依靠精神的力量诚意正心，进行价值同构，这是人类发展倡导价值共同体的必然趋势。不同文明蕴含的价值观、世界观、宇宙观、人生观、科学观、文化观等博大精深、历久弥新，为人类破解时代难题、构建人类命运共同体提供了精神指引。

第三节 价值理想：人类命运共同体倡议下的全球文明

联合国发布的 2022 年度《世界经济形势与展望》指出，更严重的不平等将成为疫情的长期负面影响。从全球恢复经济的过程来看，发达国家的经济恢复速度明显快于发展中国家。部分发达国家的高收入阶层增长速度明显快于低收入阶层，造成了贫富差距不断扩大，这成为又一个挑战。

《2022 年世界不平等报告》显示，过去 20 年里，在全球收入最高的前 10% 的人群和收入最低的后 50% 的人群之间，收入差距几乎翻了一番。国家之间的贫富差距造成不平等，还是不平等导致了国家之间的贫富差距，暂且不论。历史表明，国家间惊人的贫富差距不是自古就有的。500 多年前，世界各国的经济水平相差并不大。直到工业革命之后，贫富差距越来越大。在过去 200 年里，美国的人均 GDP 增长了 30 倍，而埃塞俄比亚的人均 GDP 几乎未出现明显增长。

这一组组数据向我们展示了当代国际不平等的严重性，这种不平等正在让世界呈现两极化。可见，经济全球化的好处并没有被所有国家享有。事实上，经济全球化使得发达国家和富裕的阶级得到更多扩大财富的增量，而落后国家和贫困人口由于硬性条件的限制，并没有很好地融入经济全球化，甚至情况不断恶化。工业革命的成果并未惠及世界上所有人。从经济角度讲，工业文明创造了少数发达国家繁荣景观的同时，也带来了两极分化、矛盾丛生的发展缺位。日益扩大的全球贫富差距成为当今时代的危险,"繁荣悖论"和"发展缺位"是全球发展失衡的产物。

不平等的现象本质上要回归到个人,回归到真正有实体的个人。有些人在高谈阔论世界议题的时候,却忽略了真正存在的主体——人的感受。在种种舆论之下,部分人的观点是,饥饿、战争、瘟疫等历史遗留难题已经得到完美解决。

在繁荣的假象下,部分贵族希望"智人"可以继续升级成为"智神"。即使这一切有望成为现实,但人类文明将不再是繁荣的集合体,而是一小部分超人类的单体文明。当文明失去了多样性、包容性时,人类将是孤独的,孤独的人类对这个宇宙来说能有什么意义呢?

不平衡发展本质上是历史遗留的价值分配问题。从强权对自然资源的掠夺、对劳动力的控制、到对工业技术的掌握,一些资本主义国家拥有生存、发展的优势和优先权,资源的价值分配倾向于造福这些地区,而弱势地区则被迫处于价值分配的末端。

价值分配的不平衡源于掠夺和战争。人类发展的基础是生存资料,人类历史上掠夺与战争所争取的核心利益也是生存资料。美国著名世界观察研究所在其研究报告《全球预警》中指出,"在整个人类历史进程中,获取和控制自然资源(土地、水、能源和矿产)的战争,一直是国际紧张和武装冲突的根源"。世界战争的真正历史,也可以说是一部资源掠夺的历史,本质上是对资源所代表的价值分配权的争抢。农耕文明时代,争夺的生存资料是原本属于自然而不属于任何人类种群的土地,当时人类整体还处于需要解决基本生存问题的阶段,人类的共识是土地和相对稳定的农作物是最佳的生存资料;贸易萌芽时期,随着西班牙、葡萄牙等国开启航海时代,人类的主要目的是寻求黄金和白银等贵金属,黄金和白银的积累决定了当时贸易主权的控制程度;而后逐渐演变出反人性的奴隶制度和奴隶贸易……工业文明前的战争史多为武力掠夺土地、劳动力、贵金属等。欧洲殖民掠夺期间,西班牙殖民者从拉丁美洲掠夺约黄金250万公斤,白银1亿公斤;葡萄牙殖民者从巴西掠夺价值约10亿美元的黄金、白银和金刚石；英国从印度掠夺了价值约 10 亿英镑的金银珠宝。[①] 到 19 世纪末，工业革命通过技术改变了人类的发展状况，但扩张领土、掠夺资源的脚步没有停下。两次惨绝人寰的世界大战，最重要的目标仍然是抢夺生存资料——生存空间和矿产资源。"谁掌握了资源，谁就能控制世界。"[②] 事实是，谁掌控了资源的价值分配权，谁就能控制世界。

"二战"结束前，世界是动荡的。"二战"结束后，世界看似平稳，但各国之间依然靠谈判等方式互相较劲。虽然没有明目张胆地掠夺资源，但本质上通过霸权、干预索取利益和价值的形式仍然存在。如今，全球仍有数亿人生活在水深火热中，深受疟疾、艾滋病、肺结核的影响。疫情的出现及局部的冲突让人们重新认识到：这个世界总在以不断变化的状态在时间的轨道上前进，战争不会停止，疾病不会消失，饥饿在我们看不见的角落一直存在着。

尤瓦尔·赫拉利在《未来简史》中说道："我们已经达到前所未有的繁荣、健康与和谐，而由人类过去的记录与现有价值观来看，接下来的目标很可能是长生不死、幸福快乐，以及化身为神。"[③] 这里的"我们"绝非指每一个"我们"，而是指少部分的财阀和政权。

解决"死"的问题需要依靠新技术，也将会带来新的不平等。几千年来，人类能够将身体健康状况改善、将寿命延长，我们有理由相信，人类在延续自己生命的道路上将达到顶峰。人的身体就像一部机器，零件坏了需要维修。当生物技术能够维持心脏跳动、让大动脉流通，也能让癌细胞被消灭、让病菌不再繁殖时，生命或许就能永续，当然在初期阶段，这种福利只有少部分人才能享受。或许我们需要面临的是前所未有的不平等："人类不再平等，不死就在眼前。"[④] 要想实现人类命运共同体，不能只关注群体的命运，而要关注每一个个体的命运。

从战争史和人类发展史可以看出，扩张、掠夺、经济对峙似乎是永恒的发

---

① 王家枢，《矿产资源与国家安全》，地质出版社，2000 年。
② 王家枢，《矿产资源与国家安全》，地质出版社，2000 年。
③ 尤瓦尔·赫拉利，《未来简史》，林俊宏译，中信出版社，2017 年。
④ 尤瓦尔·赫拉利，《未来简史》，林俊宏译，中信出版社，2017 年。

展逻辑。即使到了正在进行数字革命的21世纪，这个发展逻辑仍没有改变。"第四次工业革命"或数字时代的范式实力，以控制信息和数据为关键，以硬实力和软实力相结合为特征。这种"范式权力斗争"，不仅是争夺土地和资源的斗争，还是争夺数据权和信息权的斗争。而它最大的危险在于，一旦全球经济体系崩溃，全世界人民的福祉也必将付诸东流。[1] 数据和信息是网络空间的核心要素，而且已经成为人类社会、经济活动的关键要素。虽然网络空间似乎是没有界限的，即使是这样，也避免不了对网络空间的争夺。所以，数据权和信息权的斗争，实际上是物理生存空间的掠夺在网络空间的再一次演绎。这个演绎，将物理空间价值分配的不平衡带到了网络空间，如果不加以制止，就将加剧整体生存资料所承载的价值分配不平衡，"数据价值链"应用能力的差距将扩大全球财富差距、经济发展差距、生活水平差距，甚至公民品质的差距。价值分配的不平衡是根深蒂固的问题，也是人类在创造社会系统过程中必然产生的矛盾。

再次回望截至21世纪的进程，维持社会秩序的价值体系一直在变化之中。从解决生存的资源分配问题到工业革命带来的生产组织形式的变化，直到21世纪，维持社会秩序的价值体系回归到价值本质，即价值的创造方式和分配秩序的重构。

近年来，不平衡现象在数字技术引领的数字经济生态和社会生态中比比皆是。联合国贸发会发布的《2019年数字经济报告》指出，中美两国所拥有的数字平台占全球70家最大数字平台市值的90%，而欧洲仅占4%，非洲和拉丁美洲的总和仅为1%。其中七个"超级平台"——微软、苹果、亚马逊、谷歌、Facebook、腾讯、阿里巴巴占据了总市值的三分之二。[2] 联合国贸发会的《2021年数字经济报告》则强调了"数据价值链"能力的问题：发达国家与发展中国家之间、国家内部农村和城市之间等存在巨大的数字鸿沟，数字鸿沟不仅表现在互联网的普及程度层面，还表现在参与数据价值链能力的层面——数

---

[1] 丽贝卡·哈丁、杰克·哈丁，《大国贸易博弈：数字时代的双赢战略》，于冬梅译，当代世界出版社，2021年。

[2] 联合国贸发会，《2019年数字经济报告》。

据的价值产生于数据的聚合和处理，对原始数据收集、分析和处理后可以用于商业或社会公共目的。数字鸿沟的持续存在，在微观层面使得个人教育不平等、企业竞争不平等加剧，在宏观层面使得地区发展不平等、国家发展不平等加剧，最终使得全球不稳定因素增加。

"数学家李雅普诺夫证明，一切生命系统都通过精确规定的渠道传递一点能量或物质，里面包含大量信息，这样的信息以后将控制大批能量和物质。从这一角度看，许多现象，不论是生物现象还是文化现象（存储、反馈、信息的疏导及其他），都可以被看成信息处理的形态。"[1]万物发展史都是在数据计算中演进的，只不过千丝万缕的数据大部分是隐性的，不是人所能控制的。数字空间中肉眼可见的强大数据和算力，将万物计算的逻辑由隐性慢慢变为显性。从数据承载的价值角度讲，抓住数据的计算逻辑，在一定程度上就抓住了未来发展的正确方向，从而就获得了价值分配的优先掌控权。总之，数据的魅力在于数据所表现的价值创造、价值分配、价值交易的价值体系行为，未来数据表现的价值几乎可以包含物理空间和数字空间所有发展资料的价值。从目前科技创新的深度、广度和速度来看，这是数字空间发展的必然趋势，即大家耳熟能详的元宇宙。而由数据权和信息权引发的数字空间中的"世界大战"，似乎也是不可避免的。

但也有少数技术乐观主义者认为，数字空间中的"世界大战"并不是一定会发生的。数字技术的集成智慧可以创造新的信任机制，可以用文明的方式解决数字空间中的信息孤岛问题。事实已经证明，全世界人民的福祉是连在一起的，地球就像人类的一艘船，航行在浩瀚宇宙中，船上的所有个体必须同心协力才能乘风破浪，但凡某个角落倾斜，整艘船和船上的全部人类都将倾覆，所有的文明成果都将付诸东流。

2013年，国家主席习近平在莫斯科国际关系学院发表演讲中，首次提出人类命运共同体的理念："这个世界，各国相互联系、相互依存的程度空前加深，人类生活在同一个地球村里，生活在历史和现实交汇的同一个时空里，

---

[1] 让·波德里亚，《象征的交换与死亡》，车槿山译，译林出版社，2006年。

越来越成为你中有我、我中有你的命运共同体。"在疫情深刻改变世界的过程中，越来越展现出人类命运共同体的魅力。全球范围内的融合越来越深，虽然国家的边界、地理的边界仍屹立于物理世界，但在数字世界中国家、地理的边界将越来越模糊。

杰里米·边沁打破了传统宗教保持社会秩序的价值系统，数字技术也能够打破以制度维持社会秩序的价值系统。在新的价值体系中，我们要用包容（让世界每一个个体都融入发展的赛道中）、信任（数据所表现的物理信任价值可以成为信任的唯一标准）、文明（基于自主共识和信任，人类的各种行为将变得更加文明）等行为构建真正意义上的人类命运共同体。

在价值文明时代，共生共荣将替代传统的"丛林法则"这种比较残酷的生存法则，这个世界不再仅仅是少部分特权阶层的世界，而是所有人的世界，终极目标是实现无差别对待。人类命运共同体强调构建一个共同而有尊严的人类社会，强调人类共同的价值观和理想，促进不同文明之间的相互尊重和包容。在这个框架下，价值理想成了整个社会发展的核心和引领力量。

全球文明是一种多元文明的共存和交流，每种文明都具有自己独特的价值理念。依照这些价值理念，人们构建了不同的社会、政治、经济、文化、宗教等制度。在全球化的时代下，不同文明之间的交流变得越来越频繁和紧密，各种文化的冲突和融合也变得更加明显。当文明交流与冲突的方式朝着尊重和包容的方向转变时，价值理想也就成为全球文明之间共识的最高表现。

价值理想可以帮助人类界定自己的生存和发展目标，促进不同文明之间的交流和融合，有助于实现人类社会的共同进步。在人类命运共同体的倡议下，价值理想成为全球各国合作和发展的重要动力。各个国家和地区都可以在自己的文化传承和精神遗产中寻求自己的发展路径，从而推动人类文明的繁荣和进步。

总之，价值理想是人类命运共同体倡议下的全球文明，是实现人类社会和谐及共同进步的重要基石。全球各国需要在相互尊重和包容的基础上，推动价值理想的传播，为全球文明的发展和繁荣做出重要贡献。

第十一章 | Chapter 11

人类价值文明倡议书

数字技术的飞速发展正在深刻地改变人们的生活方式和社会发展模式，但在数字时代，全球不同国家的数字发展水平却存在巨大的差异。**为实现全球数字化进程的可持续发展，我们需要共同努力构建"自由、公平、诚信"的世界新秩序、新规则、新体系。**

在这个全新的数字时代，我们需打造一个基于价值的全球可信数字经济环境，这将为建设以网络共同体、利益共同体、责任共同体为特征的价值互联网经济提供坚实的基础。这样的互联网经济模式不仅将实现利益分配更加平等和竞争更为公正，同时也将带来更为广泛的繁荣。随着技术的不断发展，我们有信心揭示各种问题的本质，统筹各种资源。我们将从更高的角度出发，重新审视社会进程，构建出更为美好的社会。

在这个全球数字化时代，我们呼吁进一步加强国际合作，推动全球数字化进程的可持续发展。号召各国政府、国际组织、企业和个人共同努力，共同探讨数字化进程中面临的挑战，共同制定各项战略规划和政策措施。

同时，我们需要更为注重知识产权和网络安全的重要性，确保数字技术的应用和发展更加公平、公正和可持续。

我们期待建设更为和平、繁荣和公正的全球文明生态，实现全球的"互信互享、互联互通、互帮互助、互惠互利"，打造一个基于人类价值共识的人类命运共同体。只有这样，我们才能真正顺应正在发生的数字技术革命，迎来人类文明史上的重大变革，推动人类社会步入"价值文明"时代，走向更加美好的未来。

人类价值文明是实现人自由而全面发展的新的文明。